中等职业教育品牌专业示范教材

传感器原理与实训

主　编　曹正廷　郑文清

副主编　王书建　郭红玲

　　　　郑开强

编　委　王　云　史建江

　　　　李志强　胡太燕

中国原子能出版社
China Atomic Energy Press

图书在版编目（CIP）数据

传感器原理与实训 / 曹正廷 , 郑文清主编 . -- 北京：
中国原子能出版社 , 2020.3 （2021.9重印）

ISBN 978-7-5221-0513-0

Ⅰ . ①传… Ⅱ . ①曹… ②郑… Ⅲ . ①传感器 Ⅳ .
① TP212

中国版本图书馆 CIP 数据核字（2020）第 050417 号

传感器原理与实训

出版发行	中国原子能出版社（北京海淀区阜成路 43 号　　　100048）
责任编辑	白皎玮
责任印刷	潘玉玲
印　刷	三河市南阳印刷有限公司
经　销	全国各地新华书店
开　本	787 mm × 1092 mm　1/16
印　张	9.5　　　　　**字　数**　187 千字
版　次	2020 年 10 月第 1 版　2021 年 9 月第 2 次印刷
书　号	ISBN 978-7-5221-0513-0　　　**定　价**　52.00 元

网　址： http:// www . aep. com.cn	**E-mail：** atomep123@126.com
发行电话： 010-68452845	**版权所有　侵权必究**

前　言

本教材根据国家劳动和社会保障部颁发的《传感器应用专项职业能力考核规范》中的能力标准与鉴定内容，依据对相关职业的分析和相应的岗位职业能力要求，按照"以就业为导向，以能力为本位，以职业实践为主线，以项目可成为主题的专业课程体系"的总体设计要求，运用理论与实践一体化方式，由在教学一线具有丰富经验的骨干教师和生产一线的企业骨干共同策划而编写的。

传感器是获取自然科学领域信息的主要途径和手段，涉及物理、化学和生物等多个科学，应用领域十分广泛。传感技术是一门科学交叉、知识密集、综合性强的应用技术，且与生产、科研实践联系紧密。

正是由于传感器技术的重要性，目前国内外均将传感器技术列为优先发展的科技领域之一。国内院校自动化、测控技术与仪器以及电气工程及其自动化等专业普遍开始了传感器课程，并将其列为必修课，同时配有相应的教材。本书正是根据相关专业的培养方案，以培养应用型人才为主要目的而编写的。

本书从传感器的基本知识开始，围绕应用基本知识，重点介绍了一些应用较广泛的传感器，通过对本书的学习，使学生对该课程有较全面的认识和理解，而且每个项目都配有实训，以便对所学的知识加以巩固。

本书共有九个项目，内容包括：传感器与检测基本知识、温度传感器、光电传感器、压力传感器、位移传感器、流量传感器、速度传感器、气敏传感器、湿度传感器。

由于编者水平有限，加之时间仓促，书中难免有疏漏之处，恳请广大读者提出宝贵意见。

编　者

目 录

项目一　传感器与检测基本知识

学习目标

1. 掌握传感器的概念、作用、分类和主要技术参数。
2. 了解传感器在各工程领域中的应用和发展趋势。
3. 掌握测量误差的定义、分类和表示形式。
4. 能够进行测量误差和准确度的计算。
5. 掌握检测和转换电路的电路形式、原理和作用。
6. 能够正确选用检测和转换电路。

任务一　传感器基本知识

一、认识传感器

1.传感器的定义

传感器是一种以一定精确度将被测量（主要是非电量）转换为与之有确定关系、便于应用的某种物理量（主要是电量）的测量装置。在自动化控制系统中，传感器相当于系统的感觉器官，能快速、精确地获取各类信息，系统正是靠对这些信息的分析和处理来实现决策控制，以使整个系统有序工作。

传感器可以检测的信息范围很广，常见的输入量、转换原理和输出量见表1-1。

表1-1　传感器的输入量、转换原理和输出量

输入量			转换原理	输出量
物理量	几何学量	长度、厚度、角度、形变、位移、角位移	物理效应	电量（电压或电流）
	运动学量	速度、频率、时间、角速度、加速度、角加速度、振动		
	力学量	力、力矩、应力、质量、荷重		
	流体量	流量、流速、压力、真空度、液位、黏度		
	热学量	温度、热量、比热		
	湿度	绝对湿度、相对湿度、露点、水分		
	电量	电流、电压、功率、电场、电荷、电阻、电感、电容、电磁波		
	磁场	磁通、磁场强度、磁感应强度		
	光	光度、照度、色度、紫外线、红外光、可见光、光位移		
	放射线	X射线、α射线、β射线、γ射线		
化学量		气体、液体、固体、pH、浓度	化学效应	
生物量		酶、微生物、免疫抗原、抗体	生物效应	

2.传感器的组成与分类

1）传感器的组成

传感器一般由敏感元件、转换元件、转换电路和辅助电源四部分组成，如图1-1所示。

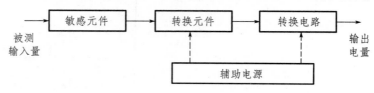

图1-1　传感器的组成

①敏感元件。是指能够灵敏地感受被测量并做出响应的元件，是传感器中能直接感受被测量的部分，并输出与被测量成确定关系的某一物理量的元件。敏感元件可以按输入的物理量来命名，如热敏（见热敏电阻）、光敏、（电）压敏、（压）力敏、磁敏、气敏、湿敏元件。在电子设备中采用敏感元件来感知外界的信息可以达到或超过人类感觉器官的功能。敏感元件是传感器的核心元件。随着电子计算机和信息技术的迅速发展，敏感元件的重要性日益凸显。

②转换元件。把敏感元件的输出信号转换成适合于传输和测量的元件。有些传感器的敏感元件与转化元件是合并在一起的。

③转换电路。上述电路参数接入转换电路，便可转换成电量输出。

实际上，有些传感器很简单，仅由一个敏感元件（兼作转换元件）组成，它感受被测量时直接输出电量（如热电偶）。有些传感器由敏感元件和转换元件组成，没有转换电路。有些传感器，转换元件不止一个，要经过若干次转换。

2）传感器的分类

传感器是一门知识密集型技术。传感器的原理各种各样，它与许多学科有关，种类繁多，分类方法也很多，目前广泛采用的分类方法有以下几种。

（1）按照物理原理分。可分为电参量式传感器（包括电阻式、电感式、电容式等基本形式）、磁电式传感器（包括磁电感应式、霍尔式、磁栅式等）、压电式传感器、光电式传感器、气电式传感器、波式传感器（包括超声波式、微波式等）、射线式传感器、半导体式传感器、其他原理的传感器（如振弦式和振筒式传感器等）。

（2）按照传感器的使用分类。可将传感器分为位移传感器、压力传感器、振动传感器、温度传感器等。

（3）按敏感材料分类。可分为半导体、陶瓷、石英、光导纤维、金属、有机材料、高分子材料传感器等。

（4）按其所用材料的类别。可分为金属、聚合物、陶瓷、混合物。

（5）按应用场合分类。可分为工业用、农用、军用、医用、科研用、环保用和家电用传感器等。若按具体使用场合，还可分为汽车用、船舰用、飞机用、宇宙飞船用、防灾用传感器等。

3. 传感器的特性

在自动化控制系统中，需要对各种参数进行实时检测和控制，要求传感器将被测量的变化不失真地转换为相应的电量，以实现较好地自动控制性能。自动控制性能的好坏主要取决于传感器的基本特性，而传感器的基本特性分为静态特性和动态特性两种。如表 1–2 所示。

表 1-2　传感器的基本特性

传感器特性	参数	定义
静态	线性度	传感器输出量与输入量之间的实际关系曲线偏离拟合直线的程度
	灵敏度	传感器在稳态信号作用下输出量变化对输入量变化的比值
	分辨率	传感器能检测到的输入量最小变化量的能力
	迟滞	输入量由大到小（反行程）变化期间，其输入/输出特性曲线不重合的现象
	重复性	指在同一工作条件下，传感器在输入量按同一方向做全量程连续多次变化时，所得特性曲线不一致的程度
	漂移	在输入量不变的情况下，传感器的输出量随着时间变化
动态	响应速度	传感器的稳定输出信号咋规定误差范围内随输入信号变化的快慢
	频率响应	传感器的输出特性曲线与输入信号频率之间的关系，包括幅频特性和相频特性

二、了解传感器的应用领域

传感器是自动化设备、智能电子产品、机器人等的重要感觉器官，已应用到人类生命、生活、生产和军事的各个领域中。可以说，从太空到海洋，从各种复杂的工程系统到人们日常生活的衣食住行，都离不开各种各样的传感器，传感器技术对国民经济的发展起着巨大的作用，现在很多行业都试图利用传感器来实现自动化。

1. 传感器在制造业中的应用

传感器在石油、化工、电力、钢铁、机械等加工工业中占有极其重要的地位。传感器在自动化生产线上相当于人的感觉器官的作用，按需要完成对各种信息的实时检测，再把大量测得的信息通过自动控制、计算机处理等进行反馈，用以进行生产过程、质量、工艺管理与安全方面的控制。

2. 传感器在汽车中的应用

传感器不只局限于对行驶速度、行驶距离、发动机转速等进行检测和控制外，还在汽车安全气囊系统、防盗装置、防滑控制系统、防抱死装置、电子变速控制装置、排气循环装置、电子燃料喷射装置及汽车"黑匣子"等方面也得到了实际应用。

3. 传感器在生活中的应用

传感器在电子炉灶、自动电饭锅、吸尘器、空调器、电子热水器、热风取暖器、风干器、报警器、电樊斗、电风扇、游戏机、电子驱蚊器、洗衣机、洗碗机、照相机、电冰箱、彩色电视机、录像机、录音机、收音机、电唱机及家庭影院等方面得到了广泛的应用。随着人们生活水平的不断提高，对提高家用电器产品的功能及自动化程度的要求极为强烈。为满足这些要求，首先要使用能检测模拟量的高精度传感器，以获取正确的控制信息，再由微型计算机进行控制，使家用电器的使用更加方便、安全、可靠，并减少能源消耗，为更多的家庭创造一个舒适的生活环境。

4. 传感器在机器人中的应用

目前，在劳动强度大或危险作业的场所，已逐步使用机器人取代人的工作。一些高速度、高精度的工作，由机器人来承担也是非常合适的。但这些机器人多数是生产用的自动机械式的单能机器人。在这些机器人身上仅采用了检测臂的位置和角度的传感器。要使机器人和人的功能更为接近，以便从事更高级的工作，要求机器人能有判断能力，这就要给机器人安装物体检口传感器，特别是视觉传感器和触觉传感器，使机器人通过视觉对物体进行识别和检测，通过触觉对物体产生压觉、力觉、滑动感觉和重量感觉。

5. 传感器在医学中的应用

随着医用电子学的发展，仅凭医生的经验和感觉进行诊断的时代将会结束。现在，应用医用传感器可以对人体的表面和内部温度、血压及腔内压力、血液及呼吸流量、肿瘤、血液的分析、脉波及心音、心脑电波等进行高难碗度的诊断。显然，传感器对促进医疗技术的高度发展起着非常重要的作用。

6. 传感器在环境监测中的应用

目前，地球的大气污染、水质污染及噪声污染已严重破坏了地球的生态平衡和人类赖以生存的环境，这一现状引起了世界各国的重视。为保护环境，利用传感器制成的各种环境监测仪器正在发挥着积极的作用。

7. 传感器在航空及航天领域中的应用

在航空及航天的飞行器上广泛地应用着各种各样的传感器。为了解飞机或火箭的飞行轨迹，并把它们控制在预定的轨道上，就要使用传感器进行速度、加速度和飞行距离的测量。要了解飞行器飞行的方向，就必须掌握它的飞行姿态，飞行姿态可以使用红外水平线传感器陀螺仪、阳光传感器、星光传感器及地磁传感器等进行测量。此外，对飞行器周围的环境、飞行器本身的状态及内部设备的监控也都要通过传感器进行检测。

8. 传感器在遥感技术中的应用

现在利用飞机、船舶、人造卫星及宇宙飞船对远距离的广大区域的物体及其状态进行大规模探测的活动越来越多。例如，在飞机及航天飞行器中使用的近紫外线、可见光、远红外线及微波传感器，在船舶向水下观测时采用的超声波传感器等。目前，遥感技术已在农林业、土地利用、海洋资源、矿产资源、水利资源、地质、气象及军事等领域得到了广泛应用。

三、了解传感器的发展趋势

1. 微型化

微型化就是利用微型加工技术，尽可能使传感器的体积和质量达到最小。微米、纳米技术的问世，以及微机械加工技术的不断实用化，为微型传感器的研制、加工提供了可能，微型传感器最显著的特征就是体积微小、质量也很小，其敏感元件的尺寸一般都为微米级。它是利用微加工技术制作而成的。

2. 智能化

智能化传感器是一种将普通传感器与专用微处理器一体化，兼有检测与信息处理功能，具有双向通信功能的新型传感器系统，它不仅具有信号采集、转换和处理的功能，还同时具有信息存储、记忆、识别、自补偿、自诊断等多功能。传感器智能化后，就具备了认识广阔空间状态的能力，在复杂的自动化系统中机器人、宇宙飞船和人造卫星等领域都发挥着重要的作用。

3. 数字化

在全球进入信息时代的同时，人类也进入了数字化时代，因为数字化技术是信息技术的基础。数字化传感器是指能把检测量直接转化成数字量的传感器，测量精度高、分辨率高、测量范围广、抗干扰能力强、稳定性好、自动控制程度高、便于动态和多路检测、性能可靠就是这类传感器的主要特点。

4. 集成化

集成化技术利用集成加工技术，将敏感元件、放大电路、运算电路、补偿电路等集成在一块芯片上，或是在同一个芯片上，将众多同类型的单个传感器件集成为一维、二维或是三维阵列型传感器，使它们成为一体化装置或区间。集成化的传感器或装置的优点是可简化电路设计，节省安装和调试的时间，增加可靠性；缺点是一旦损坏就得更换整个器件或装置。

5. 多样化

新材料技术的突破加快了多种新型传感器的发展。新型敏感材料是传感器的技术基础，材料技术研发是提升性能、降低成本和技术升级的重要手段。除了传统的半导体材料、光导纤维等外，有机敏感材料、陶瓷材料、超导材料、纳米材料和生物材料等成为研发热点，生物传感器、光纤传感器、气敏传感器、数字传感器等新型传感器加快发展。例如，光纤传感器是利用光纤本身的敏感功能或利用光纤传输光波的传感器，具有灵敏度高、抗电磁干扰能力强、耐腐蚀、绝缘性好、体积小、耗电少等特点，目前已应用的光纤传感器可测量的物理量达 70 多种，发展前景广阔；气敏传感器能将被测气体浓度转换为与其呈一定关系的电量输出，具有稳定性好、重复性好、动态特性好、响应迅速、使用维护方便等特点，应用领域非常广泛。另据 BCC Research 公司指出，生物传感器和化学传感器有望成为增长最快的传感器细分领域，预计 2014 ～ 2019 年的年均复合增长率可达 9.7%。

任务二　传感器的测量误差和准确度

一、测量误差的类型

1. 测量误差的定义

测量的目的是希望通过测量求取被测未知量的真实值。由于种种原因，造成被测参数的测量值与真实值并不一致，即存在测量误差。

2. 测量误差的分类

（1）按照误差出现的规律，可将测量误差分为系统误差、随机误差（偶然误差）和粗大误差三大类。

①系统误差。在同一条件下，多次测量同一量值时绝对值和符号保持不变，或在条件改变时按一定规律变化的误差称为系统误差，简称系差。

引起系统误差的主要因素有材料、零部件及工艺的缺陷，标准量值、仪器刻度的不准确，环境温度、压力的变化，其他外界干扰。

②随机误差。在同一测量条件下，多次测量同一量值时，绝对值和符号以不可预定的方式变化的误差称为随机误差。

随机误差是由很多复杂因素的微小变化的总和引起的，如仪表中传动部件的间隙和摩擦、连接件的弹性变形、电子元器件的老化等。随机误差具有随机变量的一切特点，在一定条件下服从统计规律，可以用统计规律描述，从理论上估计对测量结果的影响。

③粗大误差。粗大误差是指测量过程中由于测量者的失误或受到突然且强大的干扰所引起的误差。含有粗大误差的测量数值是坏值，应该剔除。

（2）根据被测量与时间的关系，可以将测量误差分为静态误差和动态误差。

①静态误差。测量过程中被测量不随时间变化而产生的测量误差称为静态误差。

②动态误差。测量过程中被测量随时间变化而产生的测量误差称为动态误差。动态误差是由于检测系统对输入信号的滞后或对输入信号中不同频率成分所产生不同的衰减或延迟所造成的。动态误差值等于动态测量和静态测量所得误差的差值。

（3）基本误差和附加误差。

误差从使用角度出发可分为基本误差和附加误差。

①基本误差。基本误差是指仪表在规定的标准条件下所具有的误差。例如，仪表是在电源电压（220±5）V、电网频率（50±2）Hz、环境温度（20±5）℃、大气压力0.1 MPa、

湿度 85% 的条件下标定的，如果这台仪表今后也在这个条件下工作，则仪表所具有的误差为基本误差。换句话说，基本误差是测量仪表在额定工作条件下所具有的误差。测量仪表的精度等级就是由其基本误差决定的。

②附加误差。当仪表的使用条件偏离额定条件时，就会出现附加误差。例如，温度附加误差、频率附加误差、电源电压波动附加误差、倾斜放置附加误差等。

在使用仪表进行测量时，应根据使用条件在基本误差上再分别加上各项附加误差，把基本误差和附加误差统一起来考虑，即可给出测量仪表的额定工作条件范围。例如，在电源电压是（220±22）V，温度范围是 0～50 ℃，仪表可过载运行等条件范围内工作，可以知道测量仪表的总误差不超过多少。

（4）常见的系统误差及降低其对测量结果影响的方法。

①系统误差出现的原因。

系统误差出现的原因主要有下列几项：

a. 工具误差（又称仪器误差或仪表误差）。工具误差指由于测量仪表或仪表组成元件本身不完善所引起的误差。例如，测量仪表中所用标准量具的误差，仪表灵敏度不足的误差，仪表刻度不准确的误差，变换器、衰减器、放大器本身的误差等。这一项误差是最常见的误差。为了减小此项误差，只有不断提高仪表及组成元件本身的质量。

b. 方法误差。方法误差是指由于对测量方法研究不够而引起的误差。例如，用电压表测量电压时，没有正确估计电压表的内阻对测量结果的影响。

c. 定义误差。定义误差是由于对被测量的定义不够明确而形成的误差。例如，在测量一个随机振动的平均值时，测量的时间间隔 Δt 取值不同得到的平均值就不同。即使在相同的时间间隔下，由于测量时刻不同得到的平均值也会不同。引起这种误差的根本原因在于没有规定测量时应当用多长的平均时间。

d. 理论误差。理论误差是由于测量理论本身不够完善而只能进行近似测量所引起的误差。例如，测量任意波形电压的有效值，理论上应该实现完整的均方根变换，但实际上通常以折线近似代替真实曲线，故理论本身就有误差。

e. 环境误差。环境误差是由于测量仪表工作的环境（温度、气压、湿度等）不是仪表校验时的标准状态，而是随时间在变化，从而引起的误差。

f. 安装误差。安装误差是由于测量仪表的安装或放置不正确所引起的误差。例如，应严格水平放置的仪表，未调好水平位置，电气测量仪表误放在有强电磁场干扰的地方或温度变化剧烈的地方等。

g. 个人误差。个人误差是指由于测量者本人的不良习惯或操作不熟练所引起的误差。例如，读刻度指示值时视差太大（总是偏左或偏右）；动态测量读数时，对信息的记录超前或滞后等。

② 系统误差的发现。

因为系统误差对测量精度影响比较大，必须消除系统误差的影响，才能有效地提高测量精度。发现系统误差一般比较困难，下面只介绍两种发现系统误差的一般方法。

a．实验对比法。这种方法是通过改变产生系统误差的条件从而进行不同条件的测量，以发现系统误差。这种方法适用于发现不变的系统误差。例如，一台测量仪表本身存在固定的系统误差，即使进行多次测量也不能发现。只有用精度更高一级的测量仪表测量，才能发现这台测量仪表的系统误差。

b．剩余误差观察法。剩余误差观察法是根据测量数据的各个剩余误差大小和符号的变化规律，直接由误差数据或误差曲线图形来判断有无系统误差。这种方法主要适用于发现有规律变化的系统误差。

二、计算误差和准确度

测量误差的表示形式有绝对误差和相对误差两种。

1. 绝对误差

绝对误差是指测量结果的测量值与被测量的真实值之间的差值，计算公式为

$$\Delta = x - L$$

式中：Δ——绝对误差；

x——测量值；

L——被测量真值。

注意：

（1）绝对误差是有正、负的。当测量值大于实际值时，绝对误差为正；当测量值小于实际值时，绝对误差为负。

（2）绝对误差的单位与被测量的单位相同。

（3）绝对误差和误差的绝对值不能混为一谈。

2. 相对误差

绝对误差可以说明被测量的测量结果与真实值的接近程度，但不能说明不同值的测量精确程度。

实际相对误差：在实际计算相对误差时，同样可用被测量的实际值代替真实值 L。但这样在具体计算时仍不方便，因此一般取绝对误差 Δ 与测量值 x 之比来计算相对误差 δ。当测量误差很小时，这种近似方法所带来的误差可以忽略不计。

$$\delta = \frac{\varDelta}{L} \times 100\%$$

用测量的相对误差来评价上述两种称重方法是比较合理的。如前一方法的测量相对误差为 $\pm 0.1\%$，后者为 $\pm 1\%$，显然前者测量精确程度高于后者。

3. 准确度计算

传感器和测量仪表的误差是以准确度表示的。准确度常用最大引用误差 S 来表示，即

$$S = \left| \frac{\varDelta_m}{A_m} \right| \times 100\%$$

式中：$\varDelta_m$——绝对误差最大值；

A_m——满度值。

任务三　　检测电路基本知识

一、明确检测电路的作用

1. 检测和转换电路的作用

完成传感器输出信号处理的各种接口电路统称为传感器检测电路。传感器检测电路利用传感器把被测量信息撷取出来，并转换成测量仪表或仪器所能接收的信号，再进行测量以确定量值；或转换成执行器所能接收的信号，实现对被测物理量的控制。

2. 对检测和转换电路的要求

（1）尽可能提高包括传感器和接口电路在内的整体效率，为了不影响或尽可能少地影响被测对象本来的状态，要求从被测对象上获得的能量越小越好。

（2）具有一定的信号处理能力。

（3）提供传感器所需要的驱动电源。

（4）尽可能完善抗干扰和抗高压冲击保护机制。这种机制包括输入端的保护、前后级电路隔离、模拟和数字滤波等。

二、选用检测和转换电路

传感器输出的信号有电阻、电感、电荷和电压等多样形式，输出信号微弱，动态范围宽，且传感器的输出阻抗较高，因此，传感器的输出信号会产生较大的衰减，易受环境因素的影响，不易检测。根据传感器输出信号的不同特点，应采取不同的处理方法，传感器信号的处理主要由检测和转换电路来完成。典型的检测和转换电路主要包括以下几种。

1. 阻抗匹配器

传感器输出阻抗都比较高，为防止信号的衰减，常常采用高输入阻抗的阻抗匹配器作为传感器输入测量系统的前置电路。常用的阻抗匹配器有半导体管阻抗匹配器、场效应管阻抗匹配器、运算放大器阻抗匹配器。半导体管阻抗匹配器实际上是一个半导体管共集电极电路，又称为射极输出器。场效应管是一种电平驱动元件，栅漏极间电流很小，其输入阻抗高达 10^{12} Ω，可作阻抗匹配器。

2. 电桥电路

电桥电路是传感器检测电路中经常使用的电路，主要用来把传感器的电阻、电容、电感变化转换为电压或电流。电桥电路分直流电桥电路和交流电桥电路。

1）直流电桥

直流电桥的基本电路如图 1-2 所示。它是由直流电源供电的电桥电路，电阻构成桥式电路的桥臂，桥路的一对角线是输出端，一般接有高输入阻抗的放大器。在电桥的另一对角线节点上加有直流电压。

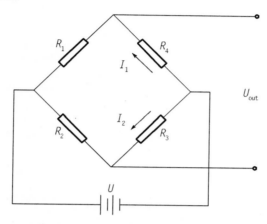

图 1-2　直流电桥的基本电路

2）交流电桥

电感式传感器配用的交流电桥如图 1-3 所示。其中 Z_1 和 Z_2 为阻抗元件，它们可以同时为电感或电容，电桥两臂为差动方式，又称为差动交流电桥。在初始状态时，$Z_1=Z_2=Z_0$，电桥平衡，输出电压 $U_{out}=0$。

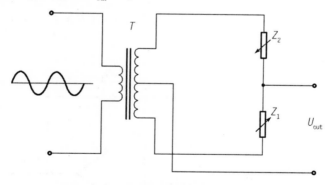

图 1-3　电感式传感器配用的交流电桥

3. 放大电路

传感器的输出信号一般比较微弱，因而在大多数情况下都需要放大电路。除特殊情况外，目前检测系统中的放大电路一般都采用运算放大器构成。常用的运算放大器有反向放大器、同相放大器和差动放大器。其中同相放大器的输出电压与输入电压同相，而且其绝对值也比反相放大器多 1，差动放大器最突出的优点是能够抑制共模信号，具体如图 1-4

所示。

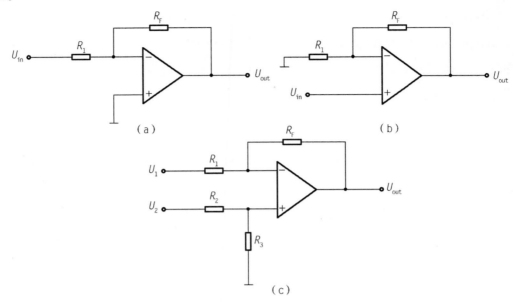

图 1-4 放大电路

（a）反相放大器； （b）同相放大器； （c）差动放大器

4. 电荷放大器

压电式传感器输出的信号是电荷量的变化，配上适当的电容后，输出电压可高达几十伏到数百伏，但信号功率很小，信号源的内阻很大。因此，压电式传感器使用的放大器应采用输入阻抗高、输出阻抗低的电荷放大器。

电荷放大器是一种带电容负反馈的高输入阻抗、高放大倍数的运算放大器。图 1-5 所示为用于压电传感器的电荷放大器的等效电路。

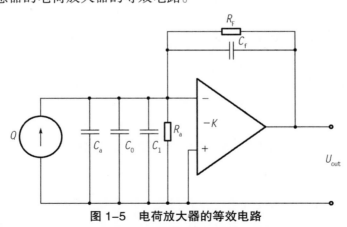

图 1-5 电荷放大器的等效电路

电荷放大器输出电压 U_{out} 只与电荷 Q 和反馈电容 C_f 有关，而与传输电缆的分布电容无关。但是，测量精度却与配接电缆的分布电容 C_0 有关。

5. 传感器与放大电路配接的示例

图 1-6 所示为应变片式传感器与测量电桥配接的放大电路。应变片式传感器作为电桥的一个桥臂，在电桥的输出端接入一个输入阻抗高、共模抑制作用好的放大电路。当被测物理量引起应变片电阻变化时，电桥的输出电压也随之改变，以实现被测物理量与电压之间的转换。

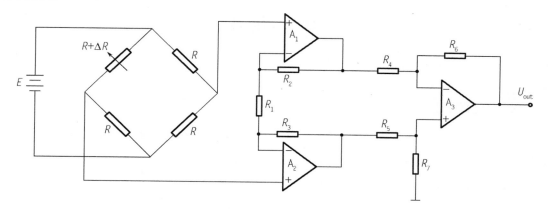

图 1-6　应变片式传感器与测量电桥配接的放大电路

6. 噪声的抑制

在非电量的检测及控制系统中，往往混入一些噪声干扰信号，它们会使测量结果产生很大的误差，这些误差将导致控制程序的紊乱，从而造成控制系统中的执行机构产生错误动作。因此，在传感器信号处理中，噪声的抑制是非常重要的。

1）噪声产生的根源

（1）内部噪声。由内部带电微粒的无规则运动产生。

（2）外部噪声。由传感器检测系统外部人为或自然干扰造成。

2）噪声的抑制方法

（1）选用质量好的元器件。

（2）屏蔽。

（3）接地。

（4）隔离。

（5）滤波。

单元练习

一、填空题

1. 传感器是一种_____将被测量（主要是非电量）转换为与之有确定关系、便于应用的_____（主要是电量）的测量装置。

2. 按照误差出现的规律，可将测量误差分为_____、_____和_____三大类。。

3. 传感器通常由_____、_____、_____和_____组成。

二、选择题

1. 关于传感器的下列说法正确的是（　　）。

A. 所有传感器的材料都是由半导体材料做成的

B. 金属材料也可以制成传感器

C. 传感器主要是通过感知电压的变化来传递信号的

D. 以上说法都不正确

2. 下列有关传感器的说法中错误的是（　　）。

A. 汶川大地震时用的生命探测仪利用了生物传感器

B. "嫦娥二号"卫星载的立体相机获取月球数据利用了光传感器

C. 电子秤称量物体质量是利用了力传感器

D. 火灾报警器能够在发生火灾时报警是利用了温度传感器

三、问答题

1. 什么是传感器？传感器的基本组成包括哪几个部分？

2. 传感器的作用是什么？

3. 什么是绝对误差和相对误差？它们各表明什么概念？

四、应用题

测量两个电压，分别得到它的测量值 $U_{x1}=1\,020$ V，$U_{x2}=11$ V，它们的实际值分别为 $U_1=1\,000$ V，$U_2=10$ V，求测量的绝对误差和相对误差。

项目二　温度传感器

任务一　温度传感器的组成

一、温度的基本概念

温度是一个重要的物理量，它反映了物体冷热的程度，与自然界中的各种物理和化学过程相联系。在生产过程中，各个环节都与温度紧密相联，因此，人们非常重视温度的测量。温度概念的建立及温度的测量都是以热平衡为基础的，当两个冷热程度不同的物体接触后就会产生导热、换热。换热结束后两物体处于热平衡状态。此时它们具有相同的温度，这就是温度最本质的性质。

二、温度传感器的组成

按照转换原理的不同，温度传感器可分为热电阻式温度传感器、热电偶式温度传感器和热敏电阻式温度传感器。温度传感器的组成如图 2-1 所示。

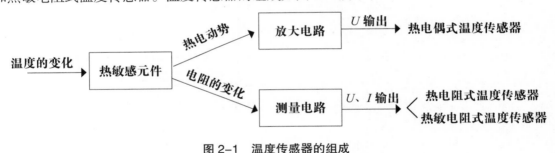

图 2-1　温度传感器的组成

任务二 热电阻式温度传感器

热电阻是由电阻体、绝缘套管和接线盒等主要部件组成的，其中，电阻体是热电阻的最主要部分。虽然各种金属材料的电阻率均随温度变化，但作为热电阻的材料，则要求：电阻温度系数要大，以便提高热电阻的灵敏度；电阻率尽可能大，以便在相同灵敏度下减小电阻体尺寸；热容量要小，以便提高热电阻的响应速度；在整个测量温度范围内，应具有稳定的物理和化学性能；电阻与温度的关系最好接近于线性；应有良好的可加工性，且价格便宜。根据上述要求及金属材料的特性，目前使用最广泛的热电阻材料是铂和铜。另外，随着低温和超低温测量技术的发展，已开始采用铟、锰、碳、铑、镍、铁等材料。

一、常用热电阻式温度传感器的种类

1. 铂热电阻

铂的物理、化学性能非常稳定，是目前制造热电阻的最好材料。它的长时间稳定的复现性可达 10^{-4} K，是目前测温复现性最好的一种温度计，广泛应用于温度基准、标准的传递和工业在线测量。

工业用铂电阻作为测温传感器，通常用来和显示、记录、调节仪表配套，直接测量各种生产过程中从 –200 ~ 500 ℃ 范围内的液体、蒸汽和气体等介质的温度，也可测量固体的表面温度。

铂电阻的精度与铂的提纯程度有关，铂的纯度通常用百摄氏度电阻比 $W(100)$ 表示，即

$$W(100) = \frac{R_{100}}{R_0}$$

式中，R_{100}——100 ℃时的电阻值；

R_0—— 0 ℃时的电阻值。

$W(100)$ 越高，表示铂丝纯度越高，国际实用温标规定，作为基准器的铂电阻，比值 $W(100)$ 不得小于 1.3925，目前技术水平已达到 $W(100) = 1.3930$，与之相应的铂纯度为 99.9995% 工业用铂电阻的百摄氏度电阻比 $W(100)$ 为 1.387~1.390。

铂丝的电阻值与温度之间的关系，即特性方程如下。

当温度 t 为 –200 ℃ ≤ t ≤ 0 ℃时，有

$$R_t = R_0[1 + At + Bt^2 + C(t-100)t^3]$$

当温度 t 为 $0\ ℃ \le t \le 650\ ℃$ 时，有

$$R_t = R_0\ (1+At+Bt^2)$$

式中 R_t, R_0 是温度分别为 t 和 $0\ ℃$ 时的铂电阻值；A, B, C 为常数，对 $W(100)=1.391$，有 $A=3.96847 \times 10^{-3}/℃$，$B=-5847 \times 10^{-7}/℃^2$，$C=-4.22 \times 10^{-12}/℃^4$。

由特性方程可知，铂电阻的电阻值与温度 t 和初始电阻 R0 有关，不同的 R0 值，Rt 与 t 的对应关系不同。目前，工业铂电阻的 R0 值有 $10\ \Omega$、$50\ \Omega$、$100\ \Omega$ 和 $1000\ \Omega$，对应的分度号分别为 Pt10、Pt150、Pt100 和 Pt1000，其中应用最广泛的是 Pt100，热电阻的分度表（给出阻值和温度的关系）可查阅相关资料。在实际测量中，只要测得铂热电阻的阻值 R_t 便可从分度表中查出对应的温度值。

铂电阻的特点是：检测精度高；稳定性好；性能可靠；复现性好；在氧化性介质中，即使是在高温情况下仍有稳定的物理、化学性能。但它的缺点是电阻温度系数小，电阻与温度呈非线性，在还原性介质中，尤其在高温情况下，易被从氧化物中还原出来的蒸汽所沾污，使铂丝变脆，从而改变其电阻与温度之间的关系。因此，在高温下不宜在还原性介质中使用。另外，铂是贵重金属，资源少，价格较高。

2. 铜热电阻

由于铂是贵重金属，因此，在一些测量精度要求不高且温度较低的场合，普遍采用铜热电阻进行温度的测量，测量范围一般为 $-50 \sim 150\ ℃$。在此温度范围内线性关系好，灵敏度比铂电阻高，容易提纯、加工，价格便宜，复现性能好。但是铜易于氧化，一般只用于 $150\ ℃$ 以下的低温测量和没有水分及无侵蚀性介质的温度测量。与铂相比，铜的电阻率低，所以铜电阻的体积较大。

铜电阻的阻值与温度之间的关系为

$$R_t = R_0\ (1+\alpha t)$$

式中 α——铜的温度系数，$\alpha=(4.25 \sim 4.28) \times 10^{-3}/℃$，由铜电阻的阻值与温度之间的关系可知，铜电阻与温度的关系是线性的。

目前工业上使用的标准化铜热电阻的 R_0。按国内统一设计取 $50\ \Omega$ 和 $100\ \Omega$ 两种，分度号分别为 Cu50 和 Cu100，相应的分度表可查阅相关资料。

二、热电阻式温度传感器的结构

热电阻的结构比较简单，一般将电阻丝绕在云母、石英、陶瓷、塑料等绝缘骨架上，经过固定，外面再加上保护套管。普通工业用热电阻式温度传感器的结构如图 2-2 所示。它由热电阻、连接热电阻的内部导线、保护管、绝缘管、接线座等组成。

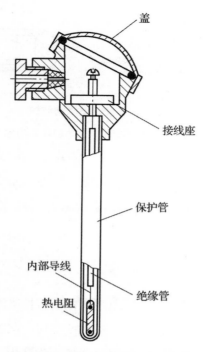

图 2-2 普通工业用热电阻式温度传感器的结构

传感器内热电阻的结构随用途不同而各异。铜热电阻体是一个铜丝绕组，其结构形式如图 2-3 所示。铂热电阻体一般由直径为 0.05~0.07mm 的铂丝绕在片形云母骨架上，铂丝的引线采用银线，其结构形式如图 2-4 所示。热电阻丝在骨架上的绕制，应采用双线无感绕制法，以消除电感对测量的影响。另外，为了使热电阻丝免受腐蚀性介质的侵蚀和外来的机械损伤，延长热电阻的使用寿命，一般外面均要设置保护套管。

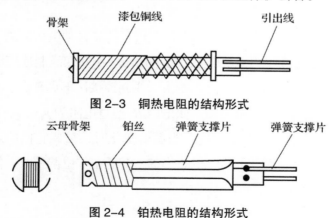

图 2-3 铜热电阻的结构形式

图 2-4 铂热电阻的结构形式

铠装热电阻由电阻体、引线、绝缘材料及保护套管经整体拉制而成，在其工作端底部装有小型热电阻体，其结构如图 2-5 所示。

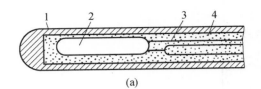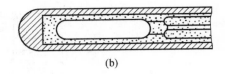

(a)　　　　　　　　　　　　　　(b)

图 2-5　铠装热电阻的结构

（a）三线制电阻；（b）四线制电阻

1- 不锈钢管；2- 感温元件；3- 内引线；4- 氧化镁绝缘材料

铠装热电阻同普通热电阻相比具有如下优点，外形尺寸小，套管内为实体，响应速度快，抗振，可挠，使用方便，适于安装在结构复杂的部位。铠装热电阻的外径尺寸一般为 2~8 mm，个别可制成 1 mm。

三、热电阻式传感器的工作原理

热电阻是利用金属导体电阻的阻值随温度变化的特性来测量温度的。当金属导体的温度上升时，金属内部原子晶格的震动加剧，从而使金属内部的自由电子通过金属导体时的阻碍增大，宏观上表现出电阻率变大，电阻值增加，称其为正温度系数，即电阻值与温度的变化趋势相同。

四、热电阻式传感器的应用

工业上广泛使用金属热电阻传感器进行 –200~500 ℃范围的温度测量。在特殊情况下，测量的低温端可达 3.4 K，甚至更低，达到 1 K 左右。高温端可测到 1000 ℃。金属热电阻传感器进行温度测量的特点是精度高、适于测低温。

经常使用电桥作为传感器的测量电路，精度较高的是自动电桥。为了消除由于连接导线电阻随环境温度变化而造成的测量误差，常采用三线制和四线制连接法。

工业用热电阻一般采用三线制，图 2-6 为三线制连接法的原理图。G 为检流计，R_1、R_2、R_3 为固定电阻，R_a 为零位调节电阻。热电阻 R_1 通过电阻为 r_1、r_2、r_3 的 3 根导线与电桥连接 r_1 和 r_2 分别接在相邻的两桥臂内，当温度变化时，只要它们的长度和电阻温度系数相等，它们的电阻变化就不会影响电桥的状态。电桥在零位调整时，使 $R_4 = R_a + R_t$，R_t 为热电阻在参考温度（如 0 ℃）时的电阻值。

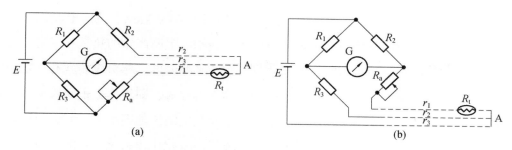

图 2-6　三线制接法的原理图

在精密测量中，则采用四线制接法，即金属热电阻两端各焊出两根引线，其中，两根引线为热电阻提供恒定电流 I，把 R_t 转换成电压信号 U，再通过另两根引线把 U 引至仪表（电位差计），如图 2-7 所示。尽管导线上有电阻 r，但是，电流在导线上形成的压降 rI，不在电压测量范围之内。在电压测量回路中，虽然有导线电阻 r，但是没有电流，因为电位差计测量时不取电流。所以，四根导线的电阻 r 对测量均无影响，这种接法不仅可以消除热电阻与测量仪表之间连接导线电阻的影响，而且可以消除测量线路中寄生电势引起的测量误差，多用于标准计量或实验室中。

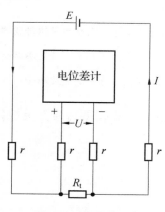

图 2-7　四线制接法

为避免热电阻中流过电流的加热效应，在设计电桥时，要使流过热电阻的电流尽量小，一般小于 10 mA，小负荷工作状态一般为 4~5 mA。

近年来，温度检测和控制有向高精度、高可靠性发展的倾向，特别是各种工艺的信息化及运行效率的提高，对温度的检测提出了更高水平的要求。以往铂测温电阻响应速度慢、容易破损、难于测定狭窄位置的温度等缺点，现已逐渐被能大幅度改善上述缺点的极细型铠装铂测温电阻所取代，因而应用领域进一步扩大。

铂测温电阻传感器主要应用于钢铁、石油化工的各种工艺过程；纤维等工业的热处理工艺；食品工业的各种自动装置；空调、冷冻冷藏工业；宇航和航空、物化设备及恒温槽等。

下面介绍金属丝热电阻作为气体传感器的应用。

图 2-8（a）为热电阻传感器测量真空度的示意图。把铂丝装于与被测介质相连通的

玻璃管内。铂电阻丝由较大的（一般大负荷工作状态为 40~50 mA）恒定电流加热。在环境温度与玻璃管内介质的导热系数恒定的情况下，当铂电阻所产生的热量和主要经玻璃管内介质导热而散失的热量相平衡时，铂丝就有一定的平衡温度，相对应的就有一定的电阻值。当被测介质的真空度升高时，玻璃管内的气体变得稀薄，即气体分子间碰撞进行热量传递的能力降低（热导率变小），铂丝的平衡温度及其电阻值随即增大，其大小反映了被测介质真空度的高低。这种真空度测量方法对环境温度变化比较敏感，在实际应用中附加有恒温或温度补偿装置。一般可测到 133.322×10^{-5} Pa。

利用图 2-8（b）所示的流通式玻璃管内装铂丝的装置，可对管内气体介质成分比例变化进行检测，或对管内热风流速变化进行测量，因为两者的变化均可引起管内气体导热系数的变化，而使铂丝电阻值发生变化。但是，必须使其他非被测量保持不变，以减少误差。

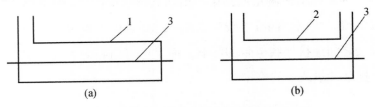

图 2-8　金属丝热电阻作为气体传感器的应用

（a）检测真空度；（b）介质成分与流速的检测

1 - 连通玻璃管；2 - 流通玻璃管；3 - 铂丝

如同测温一样，经常接成电桥，根据需要可接至灵敏仪表或放大器的输入级。

任务三　热电偶式温度传感器

热电偶式温度传感器是一种将温度变化转换为电势变化的传感器。在工业生产中，热电偶式温度传感器是应用最广泛的测温元器件之一。其主要优点是测温范围广，可以在 1 K–272.15 ℃ 至 2800 ℃ 的范围内使用，精度高，性能稳定，结构简单，动态性能好，可以把温度信号转换为电势信号，便于处理和远距离传输。

热电偶式温度传感器的实物如图 2-9 所示。

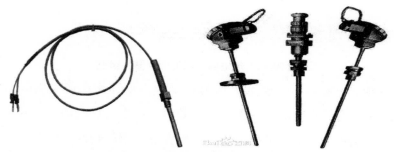

图 2-9　热电偶式温度传感器的实物

一、热电偶式温度传感器的种类及结构形式

1. 热电偶式温度传感器的分类

常用热电偶式温度传感器可分为标准化和非标准化两大类。所谓标准化热电偶式温度传感器，是指国家标准规定了其热电动势与温度的关系、允许误差，并有统一的标准分度表的热电偶，有与其配套的显示仪表可供选用。非标准化热电偶在使用范围或数量级上均不及标准化热电偶，一般也没有统一的分度表，主要用于某些特殊场合的测量。

我国从 1988 年 1 月 1 日起，热电偶式温度传感器和热电阻式温度传感器全部按 IEC 国际标准生产，并指定 S、B、E、K、R、J、T 七种标准化热电偶为我国统一设计型热电偶式温度传感器。

2. 热电偶式温度传感器的结构形式

热电偶式温度传感器的基本结构包括热电极、绝缘材料和保护管，并与显示仪表、记录仪表或计算机等配套使用。在现场使用中，根据环境、被测介质等多种因素研制成适合各种环境的热电偶式温度传感器。

热电偶式温度传感器简单分为装配式热电偶、铠装式热电偶和特殊形式的热电偶，按使用环境细分，有耐高温热电偶、耐磨热电偶、耐腐热电偶、耐高压热电偶、隔爆热电偶、铝液测温用热电偶、循环流化床用热电偶、水泥回转窑炉用热电偶、阳极焙烧炉用热电偶、高温热风炉用热电偶、汽化炉用热电偶、渗碳炉用热电偶、高温盐浴炉用热电偶、铜、铁及钢水用热电偶、抗氧化钨－铼热电偶、真空炉用热电偶等。

二、热电偶式温度传感器的组成及原理

两种不同材料的导体（或半导体）A 与 B 的两端分别连接形成闭合回路，就构成了热电偶式温度传感器，如图 2–10 所示。

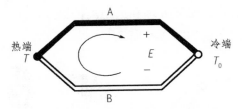

图 2–10　热电偶式温度传感器的组成

当两接点分别放置在不同的温度 T 和 T_0 时，则在电路中会产生热电动势，形成回路电流。这种现象称为赛贝克效应，或称为热电效应。产生的热电动势由两个节点的接触电动势和同一导体的温差电动势两部分组成，但因在热电偶闭合回路中两个温差电动势相互抵消，故热电动势就等于接触电动势 $E(T, T_0)$。热电动势 E 的大小随 T 和 T_0 的变化而变化，三者之间具有确定的函数关系，因而测得热电动势的大小就可以推算出被测温度。热电偶就是基于这一原理来测温的。热电偶通常用于高温测量，被测温度介质中的一端（温度为 T）称为热端或工作端；另一端（温度为 T_0）称为冷端或自由端，冷端通过导线与温度指示仪表相连。根据热电动势与温度的函数关系制成热电偶分度表，分度表是自由端温度在 0 ℃的条件下得到的，不同的热电偶具有不同的分度表。热电偶两个导体（或称热电极）的选材不仅要求热电动势大，以提高灵敏度，还要具有较好的热稳定性和化学稳定性。常用的热电偶有铂铑—铂、铜—铜镍、镍铬—镍硅等。

三、热电偶式温度传感器的基本定律

1. 均质导体定律

由同一种均质导体（或半导体）两端焊接组成闭合回路，无论导体截面如何及温度如何分布，将不产生接触电动势，温差电动势相互抵消，回路中总电动势为零。可见，热电偶必须由两种不同的均质导体或半导体构成。若热电极的材料不均匀，由于温度梯度存在，将会产生附加热电动势。

2. 中间温度定律

热电偶回路两节点（温度为 T、T_0）间的热电动势，等于热电偶在温度为 T、T_1 时的

热电动势与温度为 T、T_0 时的热电动势的代数和。T_1 称为中间温度。由于热电偶 $E-T$ 之间通常呈非线性关系，当冷端温度不为 0 ℃时，不能利用已知回路实际热电动势 E（T，T_0）直接查表求取热端温度值；也不能利用已知回路实际热电动势 E（T，T_0）查表得到温度值后，再加上冷端温度来求得热端被测温度值，必须按中间温度定律进行修正。

3. 中间导体定律

在热电偶回路中接入中间导体（第三导体 C），只要中间导体两端温度相同（均为 T_1），则中间导体的引入对热电偶回路总电动势没有影响。

依据中间导体定律，在热电偶实际测温应用中，常采用将热端焊接、冷端断开后连接的导线与温度指示仪表连接构成测温回路，如图 2-11 所示。

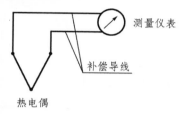

图 2-11 热电偶测温电路

四、热电偶式温度传感器的特性

当热电偶的热端温度为 T、冷端温度为 T_1 时，构成热电偶的两个导体 A、B 之间的热电动势 E 为

$$E=\left[k\left(T_t-T_1\right)/e\right]\ln\left(N_A-N_B\right)$$

式中：k——玻耳兹曼常量；

　　　N_A、N_B——导体 A、B 的电子密度。

可见，热电动势与热电偶热、冷端之间的温差成正比，与构成热电偶导体的材料有关，而与其粗细、长短无关。同时也可以看到，只有当冷端温度 $T_1=0$ ℃时，才能根据热电动势的大小确定热端温度 T，但实际上冷端的温度是随环境温度变化而变化的，因此实际应用中需对冷端进行温度补偿。

五、热电偶式温度传感器的特点

优点：①测量精度高：因热电偶式温度传感器直接与被测对象接触，故不受中间介质的影响。

②温度测量范围广：常用的热电偶式温度传感器在 –50~1 600 ℃均可连续测量，某些特殊热电偶最低可测到 –269 ℃（如金 – 铁镍铬热电偶），最高可达 2 800 ℃（如钨 – 铼热电偶）。

③性能可靠，机械强度高，使用寿命长，安装方便。

缺点：①灵敏度低。热电偶的灵敏度很低，如K型热电偶温度每变化1℃时，电压变化只有大约40μV，因此对后续的信号放大电路要求较高。

②热电偶往往用贵金属制成，价格昂贵。

六、热电偶式温度传感器电路的应用

1. 热电偶的安装方式

热电偶、热电阻的安装方式如图2-12~图2-14所示。

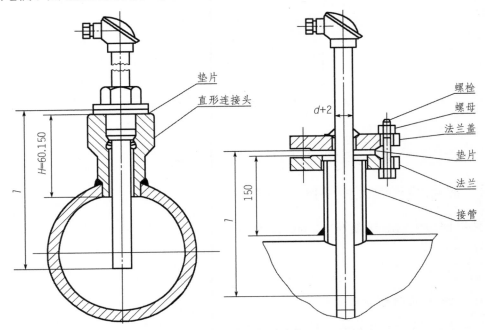

图2-12　热电偶、热电阻在管道上垂直安装图

2. 电路制作

在实际测温中，冷端温度常随着工作环境温度而变化，为了使热电动势与被测温度间呈单值函数关系，必须对冷端进行补偿。常用的补偿方法有以下几种。

（1）0℃恒温法：把热电偶的冷端放入装满冰水混合物的保温容器（0℃恒温槽）中，使冷端保持0℃。这种方法常在实验室条件下使用。

（2）硬件补偿法：热电偶在测温的同时，利用其他温度传感器（如PN结）检测热电偶的冷端温度，然后由差动运算放大器对两者温度对应的电动势或电压进行合成，输出被测温度对应的热电动势，再换算成被测温度。

（3）补偿导线法：由不同导体材料制成、在一定温度范围内（一般在100℃以下）具有与所匹配的热电偶的热电动势的标称值相同的一对带绝缘层的导线叫作补偿导线。

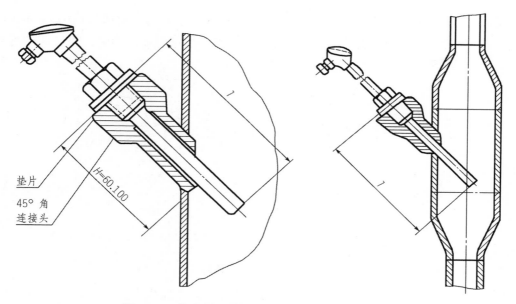

图 2-13 热电偶、热电阻在管道上斜 45° 安装图

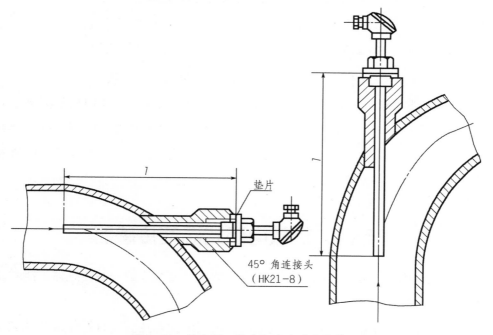

图 2-14 热电偶、热电阻在弯头上安装图

3. 热电偶的选用

在输油管道温度测量电路中的热电偶选用铜康铜热电偶。

4. 制作步骤、方法和工艺要求

（1）对照元器件清单清点元器件数量，检测铜—康铜热电偶的质量好坏。

（2）按照图 2-15 制作电路。集成电路 LM324 使用集成电路插座安装，集成电路插座焊好后再安装 LM324。每个元器件摆放应以 LM324 为中心，靠近所连接的 LM324 管脚进行摆放。元器件摆放要整齐，连接导线要横平竖直，焊点要大小均匀、圆滑且有光泽。

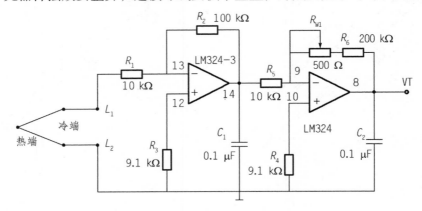

图 2-15　热电偶电路

（3）将连接铜康铜热电偶和电压表头的导线焊接到电路板上。

（4）铜康铜热电偶、电压表头通过连接导线进行连接。

（5）检查无误后进行通电调试。

5. 热电偶的使用注意事项

（1）为了简化测温电路，对冷端温度的补偿通常采用补偿导线法。

（2）当热电偶与指示仪表的两根导线选用相同的材料时，其作用只是把热电动势传递到控制室的仪表端子上，本身并不能消除冷端温度变化对测温的影响，故不起补偿作用。

（3）在工程实际中，两根导线采用不同材料的专门导线——补偿导线，使两根补偿导线构成新的热电动势补偿热电偶。

任务四　热敏电阻式温度传感器

热敏电阻是利用半导体的电阻值随温度变化的特性而制成的一种传感器，能对温度和温度有关的参数进行检测。

在众多的温度传感器中，热敏电阻式温度的发展最为迅速，而且近年来其性能不断地得到改进，稳定性也大为提高，在许多场合下（-40 ~ 350℃）热敏电阻式温度传感器已逐渐取代了传统的温度传感器。

一、热敏电阻式温度的种类

根据热敏电阻式温度传感器率随温度变化的特性不同，热敏电阻式温度传感器基本可分为正温度系数（PTC）、负温度系数（NTC）和临界温度系数（CTR）3 种类型，其特性如图 2-16 所示。

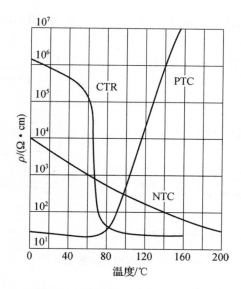

图 2-16　热敏电阻式温度传感器率随温度的变化

PTC 热敏电阻式温度传感器是以钛酸钡掺合稀土元素烧结而成的半导体陶瓷元件，具有正温度系数。当温度超过某一数值时，其电阻值朝正的方向快速变化。其用途主要是彩电消磁、各种电器设备的过热保护和发热源的定温控制，也可以作为限流元件使用。

CTR 热敏电阻是以三氧化二钒与钡、硅等氧化物，在磷、硅氧化物的弱还原气氛中混合烧结而成，它呈半玻璃状，具有负温度系数。通常 CTR 热敏电阻用树脂包封成珠状或厚膜形使用，其阻值为 1~10kΩ。在某个温度值上电阻值急剧变化，具有开关特性。其用途主要用作温度开关。

NTC 热敏电阻主要由 Mn、Co、Ni、Fe、Cu 等过渡金属氧化物混合烧结而成，改变混合物的成分和配比，就可以获得测温范围、阻值及温度系数不同的 NTC 热敏电阻。它具有很高的负电阻温度系数，特别适用于 -100~300℃之间测温。在点温、表面温度、温差、温场等测量中得到日益广泛的应用，同时也广泛地应用在自动控制及电子线路的热补偿线路中。

二、热敏电阻式温度传感器的结构

热敏电阻主要由热敏探头、引线、壳体等构成。一般做成二端器件，但也有做成三端或四端器件的。二端和三端器件为直热式，即热敏电阻直接由连接的电路获得功率，四端器件则是旁热式的。

根据不同的使用要求，可以把热敏电阻做成不同的形状和结构，其典型结构如图 2-17 所示。

陶瓷工艺技术的进步，使热敏电阻体积小型化、超小型化得以实现，现在已可以生产出直径 $\phi0.5mm$ 以下的珠状和松叶状热敏电阻，它们在水中的时间常数仅为 0.1~0.2 s。

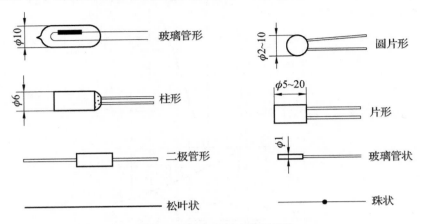

图 2-17　热敏电阻的典型结构

三、热敏电阻的工作原理

热敏电阻器通常采用陶瓷或聚合物半导体材料制成。制造材料不同，热敏电阻表现出的温度特性也不同。

正温度系数热敏电阻（PTC）的电阻值在超过一定的温度（居里温度）时会随着温度的升高而呈阶跃性增高；负温度系数热敏电阻（NTC）的电阻值会随着温度的升高而呈阶跃性减小；临界温度系数热敏电阻（CTR）的电阻值在超过某一温度的增加而激剧减小，具有很大的负温度系数。

四、热敏电阻式温度传感器的特点

热敏电阻温度传感器的优点：

灵敏度高（即温度每变化 1 ℃时，电阻值的变化量较大），价格低廉。

热敏电阻温度传感器的缺点：

①线性度较差。突变型正温度系数热敏电阻 PTC 的线性度很差，通常作为开关器件用于温度开关、限流或加热元件。负温度系数热敏电阻 NTC 采取工艺措施后线性有所改善，在一定温度范围内可近似为线性，用作温度传感器时可用于小温度范围内的低精度测量（如空调器、冰箱等）。

②互换性差。由于制造上的分散性，同一型号不同个体的热敏电阻，其特性不尽相同，R_0 相差 3%~5%，B 值相差 3% 左右。通常测试仪表和传感器由厂方配套调试，出厂后不可调换，互换性差。

③存在老化、阻值缓变现象。因此，以热敏电阻为传感器的温度仪表，一般每 2~3 年

需要校验一次。应用热敏电阻时，必须对它的几个比较重要的参数进行测试。一般来说，热敏电阻对温度的敏感性高，因此不宜用万用表来测量它的阻值。这是因为万用表的工作电流比较大，流过热敏电阻时会发热而使阻值改变。但用万用表可简易判断热敏电阻能否工作，具体检测方法如下：将万用表拨到欧姆挡（视标称电阻值确定挡位），用鳄鱼夹代替表笔分别夹住热敏电阻的两个引脚，记下此时的阻值；然后用手捏住热敏电阻器，观察万用表示数，此时会看到显示的数据（指针会慢慢移动）随着温度的升高而改变，这表明电阻值在逐渐改变（负温度系数热敏电阻的阻值会变小，正温度系数热敏电阻的阻值会变大）。当阻值改变到一定数值时，显示数据（指针）会逐渐稳定。若环境温度接近体温，则不宜采用这种方法。这时可用电烙铁或者开水杯靠近或紧贴热敏电阻器进行加热，同样会看到阻值改变。这样，就可证明这只温度系数热敏电阻是好的。

用万用表检测负温度系数热敏电阻时，需要注意热敏电阻上的标称阻值与万用表的读数不一定相等。这是由于标称阻值是用专用仪器在 25 ℃的条件下测得的，而用万用表测量时有一定的电流通过热敏电阻器而产生热量，而且环境温度不一定正好是 25 ℃，因此不可避免地会产生误差。

五、热敏电阻式温度传感器在冰箱温度控制电路中的应用

热敏电阻式冰箱温度控制电路的制作可用万能电路板，也可用面包板或模块制作。

1. 热敏电阻的选用

热敏电阻式冰箱温度控制电路中的热敏电阻选用 NTC 型 $10\,k\Omega$ 热敏电阻。

2. 制作步骤、方法和工艺要求

（1）对照器件、材料清单清点元器件数量，检测 NTC 型 $10\,k\Omega$ 热敏电阻的质量好坏。

（2）按照图 2-18 制作电路。集成电路 LM358 使用集成电路插座安装，集成电路插座焊好后再安装 LM358。每个元器件的摆放应以 LM358 为中心，靠近所连接的 LM358 管脚进行摆放。元器件摆放要整齐，连接导线要横平竖直，焊点要大小均匀、光亮且有光泽。

（3）将连接 NTC 型 $10\,k\Omega$ 热敏电阻和电压表头的导线焊接到电路板上。

（4）NTC 型 $10\,k\Omega$ 热敏电阻、电压表头通过连接导线进行连接。

（5）检查无误后进行通电调试。

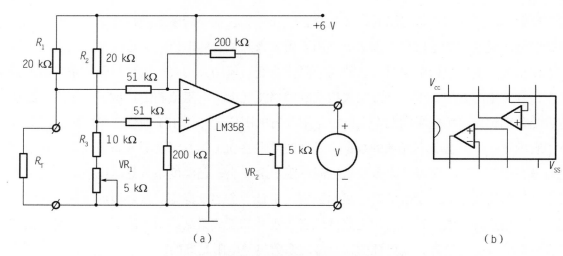

图 2-18　热敏电阻测温电路
（a）热敏电阻测温电路原理；（b）LM358 引脚

3. 焊接方法

（1）准备施焊准备好焊锡丝和电烙铁，此时应特别强调的是，电烙铁头部要保持干净，即可以蘸上焊锡（俗称"吃锡"）。

（2）加热焊件将电烙铁接触焊接点，注意首先要保持电烙铁加热焊件各个部分，例如，印制板上引线和焊盘都应加热，其次，要注意让烙铁头的扁平部分（较大部分）接触热容量较大的焊件，烙铁头的侧面或边缘部分接触热容量较小的焊件，以保持焊件均匀受热。

（3）熔化焊料当焊件加热到能熔化焊料的温度后，将焊锡丝置于焊点，焊料开始熔化并润湿焊点。

（4）移开焊锡当熔化一定量的焊锡后将焊锡丝移开。

（5）移开电烙铁当焊锡完全润湿焊点后移开电烙铁，注意移开电烙铁的方向应该是大致 45° 的方向。

4. 焊接注意事项

（1）选用合适的焊锡，应选用焊接电子元件用的低熔点焊锡丝。

（2）助焊剂，用 25% 的松香溶解在 75% 的乙醇溶液（质量比）中作为助焊剂。

（3）电烙铁使用前要上锡，具体方法是：将电烙铁烧热，待刚刚能熔化焊锡时，涂上助焊剂，再将焊锡均匀地涂在烙铁头上，使烙铁头均匀地涂上一层焊锡。

（4）焊接方法，把焊盘和元件的引脚用细砂纸打磨干净，涂上助焊剂。用烙铁头蘸取适量焊锡，接触焊点，待焊点上的焊锡全部熔化并浸没元件引线头后，烙铁头沿着元器件的引脚轻轻往上一提离开焊点。

（5）焊接时间不宜过长，否则容易烫坏元件，必要时可用镊子夹住管脚帮助散热。

（6）焊点应呈正弦波峰形状，表面应光亮圆滑，无锡刺，锡量适中。

（7）焊接完成后，要用乙醇溶液把线路板上残余的助焊剂清洗干净，以防炭化后的助焊剂影响电路正常工作。

（8）集成电路应最后焊接，电烙铁要可靠接地，或断电后利用余热焊接；或者使用集成电路专用插座，焊好插座后再把集成电路插上去。

5.NTC 热敏电阻使用时的注意事项

（1）NTC 热敏电阻是按不同用途分别进行设计的，不能用于规定以外的用途。

（2）设计设备时，需进行 NTC 热敏电阻贴装评估试验，确认无异常后再使用。

（3）请勿在过高的功率下使用 NTC 热敏电阻。

（4）由于自身发热导致电阻值下降时，可能会引起温度检测精度降低、设备功能故障，故使用时请参考散热系数，注意 NTC 热敏电阻的外加功率及电压。

（5）请勿在使用温度范围以外使用 NTC 热敏电阻。

（6）请勿施加超出使用温度范围上下限的急剧变化温度。

（7）将 NTC 热敏电阻作为装置的主控制元件单独使用时，为防止事故发生，请务必采取"设置安全电路""同时使用具有同等功能的 NTC 热敏电阻"等周密的安全措施。

（8）在有噪声的环境中使用时，请采取设置保护电路及屏蔽 NTC 热敏电阻（包括导线）的措施。

（9）在高湿环境下使用护套型 NTC 热敏电阻时，应采取仅护套头部暴露于环境（水中、湿气中），而护套开口部不会直接接触到水及蒸气的设计。

（10）请勿施加过度的振动、冲击及压力。

（11）请勿过度拉伸及弯曲导线。

（12）请勿在绝缘部和电极间施加过大的电压，否则可能会产生绝缘不良现象。

（13）配线时应确保导线端部（含连接器）不会渗入水、蒸气、电解质等，否则会造成接触不良。

（14）请勿在腐蚀性气体的环境（Cl_2、NH_3、SO_x、NO_x）以及会接触到电解质、盐、酸、碱、有机溶剂的场所中使用。

（15）金属腐蚀可能会造成设备功能故障，故在选择材质时，应确保金属护套型及螺钉紧固型 NTC 热敏电阻与安装的金属件之间不会产生接触电位差。

6. 热敏电阻式冰箱温度控制电路调试

由固定电阻 R_1、R_2，热敏电阻 R_T 及 R_3+VR_1 构成测温电桥，把温度的变化转化成微弱的电压变化，再由集成运算放大器 LM358 进行差动放大运算，放大器的输出端接 5 V 的直流电压表头用来显示温度值。电阻 R_1 与热敏电阻 R_T 的节点接运算放大器的反相输入端，当被测温度升高时，该点电位降低，运算放大器输出电压升高，表头指针偏转角度增大，以指示较高的温度值。反之，当被测温度降低时，表头指针偏转角度减小，以指示较低的温度值。

VR_1 用于调零，VR_2 用于调节放大器的增益即分度值。调试步骤如下：

（1）准备盛水容器、冷水、60 ℃以上热水、水银温度计、搅棒等。把传感器和水银温度计放入盛水容器中，并接通电路电源。加入冷水和热水不断搅动，通过调节冷、热水的比例使水温为 20 ℃。调节电路的 VR_1 使表头指针正向偏转，然后回调 VR_1 使指针返回，指针刚刚指到零刻度上时停止调节（表头指示的起点定为 20 ℃）。

（2）容器中加热水和冷水不断搅动，把水温调整到 30 ℃，通过调节电路的 VR_2 使表头指针指在 5 V 刻度上。

（3）重复（1）、（2）步骤 2~3 次即可调试完成。电压表头指示的电压值乘 2 再加 20 就等于所测温度。

（4）检验 20~30 ℃内的任一温度点，水银温度计的读数与指针式温度表的读数是否一致，误差应不大于 ±1 ℃。

注意：

调试过程中要不断搅动以使传感器与水银温度计感受同一温度，同时要等水银温度计的读数稳定后再调试电路。由于热敏电阻是一个电阻，电流流过它时会产生一定的热量，因此设计电路时应确保流过热敏电阻的电流不能太大，以防止热敏电阻自热过度，否则系统测量的是热敏电阻发出的热量的温度而不是被测介质的温度。

任务五　温度传感器技能实训

简易热电偶的制作

1. 材料及仪器

（1）酒精灯 1 个。

（2）0.4 mm、长约 250 mm 的漆包铜线 1 根。

（3）0.4 mm、长约 250 mm 的康铜丝 1 根。

（4）数字万用表 1 台。

2. 制作步骤

（1）将漆包铜线和康铜丝距两端约 10 mm 的部分用砂纸打磨光亮，除去漆包绝缘层和氧化层。

（2）将上述两段金属丝的一端互相绞紧连接，把多余端头剪去，如图 2-19 所示，

（3）将数字万用表拨至 DC 200 mV 挡后，接入两金属丝的两端，读取此时的电压值。

（4）用酒精灯加热绞紧连接点（即热电偶的工作端），观察万用表中电压显示值的变化，如图 2-20 所示。

（5）将酒精灯逐渐远离绞紧连接点，观察并记录电压值。

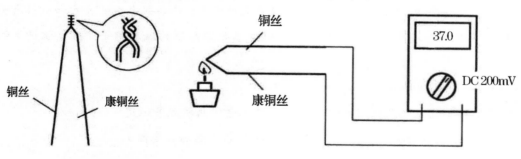

图 2-19　简易热电偶的制作　　　　图 2-20　简易热电偶的实验

单元练习

一、填空题

1. 按照转换原理的不同，温度传感器可分为_____、_____和_____。

2. 热电阻式温度传感器是利用_____的阻值随温度变化的特性来测量温度的。

3. 热电偶式温度传感器的基本结构包括_____、_____和_____，并与显示仪表、记录仪表或计算机等配套使用。

4. 热敏电阻器通常采用_____材料制成。制造材料不同，热敏电阻表现出的温度特性也不同。

二、选择题

1. 通过对热电偶理论的学习，我们可以得出以下几点结论，其中正确的是（　　）。

A. 若热电偶两电极材料相同，则无论两接点的温度如何，总热电势为 0。

B. 即使热电偶两接点温度相同，不同的 A、B 材料，会使回路中的总电势等于 0。

C. 热电偶产生的热电势不仅与材料和接点温度有关，还与热电极的尺寸和材料有关。

D. 在热电偶电路中接入第三种导体，即使该导体两端的温度相等，热电偶产生的总热电势也会有所变化。

2. 利用热电偶测温的条件是（　　）。

A. 分别保持热电偶两端温度恒定　　B. 保持热电偶两端温差恒定

C. 保持热电偶冷端温度恒定　　　　D. 保持热电偶热端温度恒定

三、问答题

1. 简述热电偶的工作原理。

2. 温度测量的方法有哪些？它们的原理有何不同？

四、应用题

已知分度号为 K、E 两种热电偶，试求 100 ℃时的热电势 $E(100\ ℃, 0\ ℃)$ 分别为多大？

项目三　光电传感器

学习目标

1. 掌握光电传感器的工作原理。
2. 了解光敏电阻的特性及应用。
3. 了解光敏晶体管的检测及应用。

任务一　光电传感器概述

一、光电传感器简介

光电传感器是以光电器件作为转换元件的传感器。它可用于检测直接引起光量变化的非电量，如光强、光照度、辐射测温、气体成分分析等。也可用来检测能转换成光量变化的其他非电量，如零件直径、表面粗糙度、应变、位移、振动、速度、加速度以及物体的形状、工作状态的识别等。

光电传感器具有非接触、响应快、性能可靠等特点，因此在工业自动化装置和机器人中获得广泛应用。近年来，新的光电器件不断涌现，特别是 CCD 图像传感器的诞生，为光电传感器的进一步应用开创了新的一页。

二、光电传感器的特点

优点：

（1）结构简单、非接触。

（2）高可靠性、高精度。

（3）可测参数多、反应快。

缺点：

（1）环境适应性差，用激光光源可以改善一点，但很有限。

（2）远距离精度差，消耗功率大，探测范围与超声波传感器相比要小。

三、工作原理及类型

光电传感器通常能感知紫外线到红外线光的光能，并能将光能转化成电信号。其工作原理是光电效应。

光电效应是指光照射到某些物质上，引起物质的电性质发生变化，也就是光能量转换成电能。由于被光照射的物体材料不同，所产生的光电效应也不同。图 3-1 为光电效应模拟图。

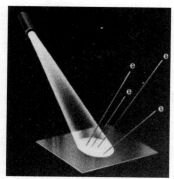

图 3-1　光电效应模拟图

（一）光电效应

1905 年，爱因斯坦提出光子假设，认为可以把光看作是一种频率很高的电磁波，也可把光看成由一个个粒子组成，即光量子，简称光子，成功解释了光电效应，因此获得 1921 年诺贝尔物理奖。根据爱因斯坦的假设，一个光子的能量只给一个电子，因此，如果要使一个电子从物质表面逸出，光子具有的能量 E 必须大于该物质表面的逸出功 A_0，这时逸出表面的电子就具有动能：

$$E_k = \frac{1}{2}mv_0^2 = h\gamma - A_0$$

式中，m ——电子质量；

v_0 ——电子逸出时的初速度；

h ——普朗克常数，$h = 0.626 \times 10^{-34}$（J·s）；

γ ——光的频率。

由上式可见，被光子激发出来的电子，逸出时所具有的初始动能 E_k 与光的频率有关，频率高则动能大。

由于不同材料具有不同的逸出功，因此对某种材料而言便有一个极限频率，当入射光的频率低于此极限频率时，不论光强多大，也不能激发出电子；反之，当入射光的频率高于此极限频率时，即使光线微弱也会有光电子发射出来，这个极限频率称为"红限频率"。

在光线作用下，物质内的电子逸出物体表面向外发射的现象，称为外光电效应。在光线作用下，物体（通常为半导体材料）电导率发生变化或产生光电动势的效应称为内光电效应。

1. 光电导效应

光电导效应是指某些半导体在受光照射时其电导率增加的现象。这种效应几乎所有高电阻率的半导体都有。其原理是因为半导体材料受到光照时会产生电子-空穴对，使其导电性能增强，光线愈强，阻值愈低，基于光电导效应的光电器件有光敏电阻。

2.光生伏特效应

光生伏特效应是指半导体材料 PN 结受到光照后产生一定方向的电动势的效应。

PN 结会因光照产生光生伏特效应的原因，有下面两种情况：

1）不加偏压的 PN 结：

当光照射在 PN 结时，如果电子能量大于半导体禁带宽度，可激发出电子 – 空穴对，在 PN 结内电场作用下空穴移向 P 区，电子移向 N 区，使 P 区和 N 区之间产生电压，这个电压就是光生伏特效应产生的光生电动势。

2）处于反偏状态的 PN 结：

无光照时 P 区电子和 N 区空穴很少，反向电阻很大，电流很小；当有光照时，光子能量足够大，产生光生电子 – 空穴对，在 PN 结电场作用下，电子移向 N 区，空穴移向 P 区，形成光电流，电流方向与反向电流一致，并且光照越大，光电流越大。

具有这种性能的器件有：光电池、光敏二极管、光敏三极管、光敏晶闸管等。

（二）光电元件

1.光电管

光电管如图 3-2 所示，是基于外光电效应的基本光电转换器件。光电管分为真空光电管和充气光电管两种。光电管的典型结构是将球形玻璃壳抽成真空，在内半球面上涂一层光电材料作为光电阴极，球心放置小球形或小环形金属作为阳极。用作光电阴极的金属有碱金属、汞、金、银等，可适合不同波段的需要。光电管灵敏度低、体积大、易破损，已被固体光电器件所代替。

图 3-2　光电管

2. 光电倍增管

如图 3-3 所示，为光电倍增管，其工作原理是通过光电发射和二次发射，进而获得大的光电流。光电倍增管内部除有光电阴极、光电阳极外，在二者之间又加入若干个光电倍增极（又称二次发射极），这些倍增极涂有 Sb-Cs 或 Ag-Mg 等光敏物质。

图 3-3 光电倍增管

光电倍增管工作原理如图 3-4 所示，入射光照射到光电倍增管的光电阴极上，发射的电子数目与撞击到上面的光子数量成正比。这些电子被加速运行后撞击到下一级，并引起 3~6 个二次电子的发射。根据型号的不同，这个过程继续进行 6~14 级。通常可以达到 100 万倍或者更高的总增益。

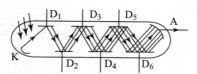

图 3-4 光电倍增管工作原理图

使每个连续的光电倍增管电极的电压都比它前面一个电极的电压更高，这样电子就得到加速。做到这一点最简易的方法是给整个光电倍增管的两端加上一个电压，然后从一个分压器的各个抽头取得供给各个倍增管电极的电压，如图 3-5 所示。

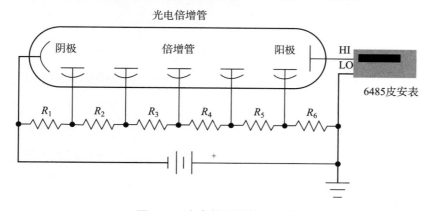

图 3-5 光电倍增管基本连接

加到每个光电倍增管电极上的电压大小取决于设计，并由型号来确定。

光电倍增管电极电阻器的总电阻应当使得流过这一系列电阻器的电流至少比待测的光电倍增管阳极电流大 100 倍。

光电倍增管的灵敏度比普通光电管高几万倍到几百万倍。因此在很微弱的光照时，也可产生很大的光电流。值得注意的是，光电流的大小，是相对而言，实际上由于要测量的电流非常弱，所以用光电倍增管测量光的应用工作通常需要使用皮安计。

光电倍增管存在一种很特殊的现象，就是在没有光信号输入（无光照），加上电压后阳极仍有电流产生，这种电流被称为暗电流。产生这种现象的原因包括热电子发射、极间漏电流、场致发射等。

一般在使用光电倍增管时，必须放在暗室里避光使用，使其只对入射光起作用。暗电流对于测量微弱光强和精确测量的影响很大，通常可以用补偿电路加以消除。

3. 紫外线传感器

紫外线传感器如图 3-6 所示，其基本构造与光电管是相同的，只不过是管内充满了特殊的气体。

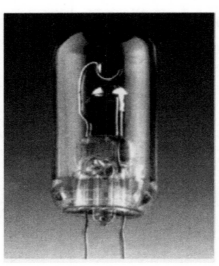

图 3-6　紫外线传感器

紫外线传感器的工作原理如图 3-7 所示，在紫外线传感器的阴极和阳极之间加上电压后，当紫外线透过石英玻璃管照射在光电阴极上时，光电阴极就会发射光电子。在强电场的作用下，光电子被吸向阳极，光电子高速运动时与管内气体分子相碰撞而使气体分子电离，气体电离产生的电子再与气体分子相碰撞，最终使阴极和阳极间被大量的光电子和离子所充斥，引起辉光放电现象，电路中生成大的电流。当没有紫外线照射时，阴极和阳极间没有电子和离子的流动，呈现出相当高的阻抗。

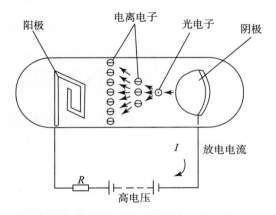

图 3-7　紫外线传感器的工作原理图

任务二　光敏电阻式传感器

光敏电阻式传感器（简称光敏电阻），是利用半导体的内光效应制成的电阻值随入射光强弱的变化而变化的一种传感器。

一、光敏电阻式传感器的的结构

光敏电阻的结构如图 3-8 所示。管心是一块安装在绝缘衬底上的带有两个欧姆接触电极的光电导体。半导体吸收光子而产生的光电效应，仅限于光照的表面薄层。虽然产生的载流子也有少数扩散到内部去，但深入厚度有限，因此光电导体一般都做成薄层。为了获得很高的灵敏度，光敏电阻的电极一般采用梳状，如图 3-9 所示。这种梳状电极由于在间距很近的电极之间有可能采用大的极板面积，所以提高了光敏电阻的灵敏度。

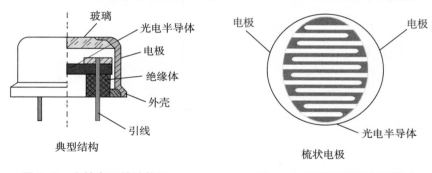

图 3-8　光敏电阻的结构图　　　　图 3-9　光敏电阻的电极图案

二、光敏电阻式传感器的工作原理

光敏电阻是用光电导体制成的光电器件，又称光导管，它是基于半导体内光电效应工作的。电阻没有极性，纯粹是一个电阻器件，使用时可加直流偏压，也可加交流电压。图 3-10 为光敏电阻的工作原理图。当无光照时，光敏电阻值（暗电阻）很大，电路中电流很小。当光敏电阻受到一定波长范围的光照时，它的阻值（亮电阻）急剧减少，因此电路中的电流迅速增加。

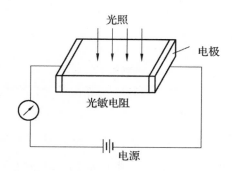

图3-10　光敏电阻的工作原理图

三、光敏电阻式传感器的主要参数

（1）暗电阻和暗电流。光敏电阻在室温条件下，在全暗后经过一定时间测量的电阻值称为暗电阻，此时流过的电流称为暗电流。

（2）亮电阻和亮电流。光敏电阻在某一光照下的阻值，称为该光照下的亮电阻，此时流过的电流称为亮电流。

（3）光电流。亮电流与暗电流之差，称为光电流。

光敏电阻的暗电阻越大，亮电阻越小，则性能越好。也就是说，暗电流小、光电流大的光敏电阻的灵敏度就高。实际上，大多数光敏电阻的暗电阻往往超过 $1\,M\Omega$ ，甚至高达 $100\,M\Omega$ ，亮电阻即使在正常白昼条件下也可降到 $1\,k\Omega$ 以下，可见光敏电阻的灵敏度是相当高的。

四、检测光敏电阻式传感器的方法

（1）测量光敏电阻亮电阻。在有光状态下，用万用表表笔接触光敏电阻器的两引脚，阻值明显减少，值越小，说明光敏电阻性能越好。若此值很大或为无穷大，说明光敏电阻器内部开路损坏，不能使用。

（2）测量光敏电阻暗电阻。用一黑纸片遮住光敏电阻的受光面，用万用表测其电阻值，此时万用表显示阻值应很大或接近于无穷大，值越大，说明光敏电阻器性能越好。若电阻值很小或接近于零，说明光敏电阻器已损坏，不能继续使用。

（3）间断受光检测法。将光敏电阻的受光面对准光源，用一小黑纸片在光敏电阻器的受光面上晃动，使其间断受光，如果万用表的示值随黑纸片的晃动而变化，说明光敏电阻的光敏特性正常。如果万用表示值停止在某一位置上，不随黑纸片的晃动而变化，说明该光敏电阻器的性能已变劣，不能继续使用。

五、光敏电阻式传感器的特性

1. 伏安特性

在一定照度下，光敏电阻两端所加的电压与光电流之间的关系，称为伏安特性，如图3-11所示。由曲线可知，在一定的电压情况下，光照度越大，光电流也就越大；在一定光照度下，所加的电压越大，光电流越大，而且没有饱和现象。但是不能无限制地提高电压，任何光敏电阻都有最大额定功率、最高工作电压和最大额定电流限制。光敏电阻的最高工作电压是由耗散功率决定的，而光敏电阻的耗散功率又和面积大小及散热条件等因素有关。

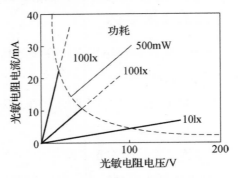

图3-11　硫化镉光敏电阻的伏安特性

2. 光照特性

光敏电阻的光电流与光强之间的关系，称为光敏电阻的光照特性。不同类型的光敏电阻，光照特性不同。但多数光敏电阻的光照特性，类似于图3-12所示的曲线形状。由于光敏电阻的光照特性呈非线性，因此它不宜作为测量元件，一般在自动控制系统中常用作开关式光电信号传感元件。

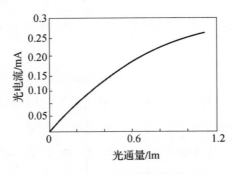

图3-12　光敏电阻的光照特

3. 光谱特性

光敏电阻对不同波长的光，其灵敏度是不同的，图3-13所示为硫化镉、硫化铅、硫化铊光敏电阻的光谱特性曲线。从图中可以看出，硫化镉光敏电阻的光谱响应峰值在可见光区域，而硫化铅的峰值在红外区域。因此，在选用光敏电阻时，应该根据光源考虑，这样才能得到较好的效果。

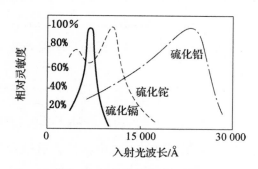

图 3-13　光敏电阻的光谱特性

4. 响应时间和频率特性

实践证明，光敏电阻受到脉冲光照射时，光电流并不会立即上升到最大饱和值，而光照去掉后，光电流并不会立即下降到零。这说明光电流的变化对于光的变化，在时间上有一个滞后，这就是光电导的弛豫现象，通常用响应时间 t 表示。响应时间又分为上升时间 t_1 和下降时间 t_2，如图 3-14 所示。

上升和下降时间是表征光敏电阻性能的重要参数之一，上升和下降时间短，表示光敏电阻的惰性小，对光信号响应快。一般光敏电阻的响应时间都较大（几十至几百毫秒）光敏电阻的响应时间除了与元件的材料有关外，还与光照的强弱有关，光照越强，响应时间越短。

由于不同材料的光敏电阻具有不同的响应时间，所以它们的频率特性也就不尽相同了，如图 3-15 所示。

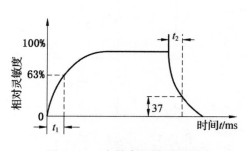

图 3-14　光敏电阻的时间响应

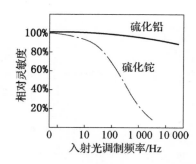

图 3-15　光敏电阻的频率特性

六、光敏电阻式传感器的应用

根据光敏电阻的光谱特性，光敏电阻可分为紫外光敏电阻、红外光敏电阻、可见光光敏电阻 3 种。

紫外光敏电阻器主要对紫外线较灵敏，用于探测紫外线强度；红外光敏电阻器则被广泛用于导弹制导、天文探测、非接触测量、人体病变探测、红外光谱、红外通信等国防、

科学 研究和工农业生产中；可见光光敏电阻器主要用于各种光电控制系统，如光电自动开关门、航标灯、路灯和其他照明系统的自动亮灭、自动供水装置、机械上的自动保护装置和位置检测器、极薄零件的厚度检测器、照相机的自动曝光装置、光电计数器、烟雾报警器、光电跟踪系统等方面。

1.浓度计

图 3-16 为浓度计的工作原理示意图。当浓度计插入到被检体时，根据被检体的浓度或密度，光敏电阻将其接收到的光线强度转变成电信号，通过放大后驱动显示仪表。该测量仪一般用于乳浊液的浓度分析、灰片密度及透光率的测量。放大器及显示仪表可以根据具体的需要选用。调节 R_P 可检测不同的被检体。

2.调光路灯

调光路灯能根据外界光线的强弱自动调节灯光亮度。若外界亮度高，灯光就暗，反之，外界亮度低，灯光就亮。

图 3-17 为一个采用双向晶闸管制作的调光路灯电路。V_{DH} 为双向触发二极管，V_{TH} 为双向晶闸管，调节 R_1 可控制灯光的亮度。白天，光敏电阻 R_L 因受自然光线的照射，呈现低电阻，它与 R_1 分压后，获得的电压低于双向触发二极管 V_{DH} 的触发电压，故双向晶闸管 V_{TH} 截止，路灯 E 不亮。当夜幕来临时，R_L 阻值增大，R_L 上分得电压逐渐升高，当高于 V_{DH} 的转折电压时，V_{TH} 开通，路灯 E 点亮。该电路具有软启动过程，有利于延长灯泡的 使用寿命。V_{DH} 可用转折电压为 20 ~ 40 V 的双向触发二极管，如 2CTS、DB3 型等。

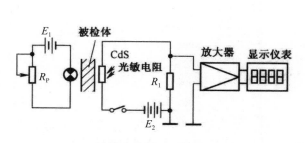

图 3-16 浓度计的工作原理图

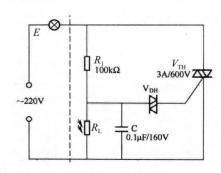

图 3-17 调光路灯的工作原理图

任务三　光敏晶体管式传感器

光敏晶体管是光敏二极管、光敏三极管的总称，光敏二极管与光敏三极管的组合可构成光电耦合器。

一、光敏晶体管的结构

1. 光敏二极管

图 3-18（a）所示为光敏二极管，也叫光电二极管，电路符号如图 3-18（b）所示。光敏二极管与半导体二极管在结构上是类似的，其管芯是一个具有光敏特征的 PN 结，具有单向导电性，因此工作时需加上反向电压。作为光敏元件，光电二极管在结构上有特殊之处。光敏二极管是封装在透明玻璃外壳中，PN 结在管子的顶部，可以直接受到光照，为了提高转换效率大面积受光，PN 结面积比一般二极管大。

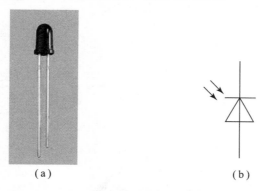

（a）　　　　　　　　　　　（b）

图 3-18　光敏二极管的实物图与电路符号

（a）光敏二极管；（b）光敏二极管电路符号

光敏二极管的工作原理如图 3-19 所示，无光照时，有很小的饱和反向漏电流，即暗电流，此时光敏二极管截止。当受到光照时，饱和反向漏电流大大增加，形成光电流，它随入射光强度的变化而变化。当光线照射 PN 结时，可以使 PN 结中产生电子 - 空穴对，使少数载流子的密度增加。这些载流子在反向电压下漂移，使反向电流增加。因此可以利用光照强弱来改变电路中的电流。光敏二极管的光电流与照度成线性关系。常见的有 2CU、2DU 等系列。

使用光敏二极管的方法如图 3-20 所示，请注意，光敏二极管要加反向偏置电压，而不是常规二极管的正向电压。

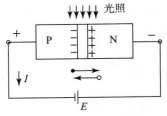

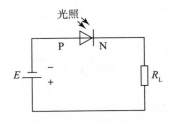

图 3-19　光敏二极管的工作原理示意图　　　图 3-20　光敏二极管的电路连接图

检测光敏二极管的方法：

（1）测量光敏二极管暗电阻。先用黑纸或黑布遮住光敏二极管的光信号接收窗口，然后用万用表的"R×1K"挡测其正、反向电阻。正常时，正向电阻值在 10~20 kΩ 之间，反向电阻值为 ∞（无穷大）。

（2）测量光敏二极管亮电阻。使光敏二极管光信号接收窗口对准光源，如图 3-21 所示，比如使用遥控器按住按键，遥控器就会发射出红外线。正常时正、反向电阻值均会变小，阻值变化越大，说明该光敏二极管的灵敏度越高，光敏二极管工作时加有反向电压，没有光照时，其反向电阻很大，只有很微弱的反向饱和电流。当有光照时，就会产生很大的反向电流（亮电流），光照越强，该亮电流就越大。

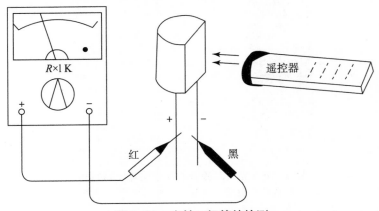

图 3-21　光敏二极管的检测

2. 光敏三极管

光敏三极管和普通三极管相似，也有电流放大作用，只是它的集电极电流不只是受基极电路和电流控制，同时也受光辐射的控制。通常基极不引出，但一些光敏三极管的基极有引出，用于温度补偿和附加控制等作用。所以如图 3-22 所示的光敏三极管，有两个引脚也有三个引脚两种不同型号。

光敏三极管也称为光电三极管，电路符号如图 3-23 所示，其基本原理与光敏二极管相似，光敏三极管是把光敏二极管产生的光电流进一步放大，是具有更高灵敏度和响应速度的光敏传感器。

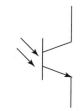

图 3-22　两种不同型号的光敏三极管　　图 3-23　光敏三极管符号

从结构上来分,光敏三极管也有 NPN 型、PNP 型。与普通晶体管不同的是,光敏三极管无论是 NPN 型还是 PNP 型都用集电结做受光结,另外发射极的尺寸做得很大,以扩大光照面积。

光敏三极管的输出信号与输入信号之间没有严格的非线性关系,这是不足之处。使用方法可以按照图 3-24 所示进行电路连接。

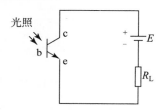

图 3-24　光敏三极管的电路连接图

检测光敏三极管的方法:

(1)检测时先测量光敏三极管的暗电阻。将光敏三极管的受光窗口用黑纸或黑布遮住。再将万用表置于"R×1 K"挡。红表笔和黑表笔分别接光敏三极管的 c、e 两个引脚。正常时正、反向电阻值均应为无穷大。若测出一定阻值或阻值接近则说明该光敏三极管已漏电或已击穿短路。

(2)测量光敏三极管的亮电阻。将受光窗口靠近光源正常时应有 15~30 kΩ 的电阻值。若光敏三极管受光后其 c、e 间阻值仍为无穷大或阻值较大,则说明光敏三极管已开路损坏或灵敏度偏低。

其他特性的光电管:

PIN 型硅光电二极管,是高速光电二极管,响应时间达 1 ns,适宜用于遥控装置。

雪崩式光电二极管,具有高速响应和放大功能,高电流增益,相当于电子倍增管,可有效读取微弱光线,用于 0.8 μm 范围的光纤通信、光磁盘受光元件装置。

光电闸流晶体管(光激可控硅),由入射光线触发导通的可控硅元件。

达林顿光电三极管(光电复合晶体管),输入是光电三极管,输出是普通晶体管,增益很大。

光敏场效应晶体管，基本可以看成光敏二极管与具有高输入阻抗和低噪声场效应晶体管的组合，具有灵敏度高、线性动态范围大、光谱响应范围宽、输出阻抗小、体积小、价格便宜等优点，广泛用于对微弱信号和紫外光的检测。

四、光敏晶体管的应用

由于光敏晶体管传感器具有结构简单、体积小、精度高、反应快、非接触测量等优点，因此被广泛应用于各种检测技术。

1. 吸收式

如图 3-25 所示为吸收式光电测量。被测物体位于恒定光源与光电元件之间，根据被测物对光的吸收程度或对其谱线的选择来测定被测参数。如测量液体、气体的透明度、混浊度，对气体进行成分分析，测定液体中某种物质的含量等。

图 3-25　吸收式光电测量的工作原理

2. 反射式

图 3-26 所示为反射式光电测量。恒定光源发出的光投射到被测物体上，被测物体把部分光通量反射到光电元件上，根据反射的光通量大小测定被测物表面状态和性质。例如，测量零件的表面粗糙度、表面缺陷、表面位移等。

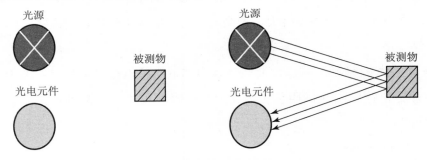

图 3-26　反射式光电测量的工作原理

任务四　光电传感器技能实训

光敏电阻的特性测试

1. 材料及仪器

（1）光敏电阻 1 个。

（2）指针式万用表 1 台。

2. 测试步骤

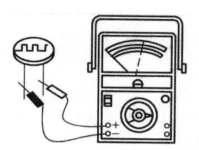

图 3-27　光敏电阻的接线图

光敏电阻的接线图如图 3-27 所示。

万用表拨至 R×lk 挡，将万用表的红表笔、黑表笔分别与光敏电阻器的引脚接触，在以下两种情况下观察万用表的指针位置。

（1）用遮光物挡住光敏电阻，观察万用表指针的摆动情况，如图 3-28 所示。

（2）用光线照射光敏电阻，观察万用表指针的摆动情况，如图 3-29 所示。

由此得出结论：光敏电阻的阻值随着光照的增强而_____，随着光照的减弱_____。

判断光敏电阻的好坏，需要观察光敏电阻的阻值是否随光照强度的变化而变化，若照射光线的强弱发生变化时，万用表的指针应随光线的变化而摆动，说明光敏电阻是好的；若光线强弱发生变化时，万用表所测的阻值无变化，则说明此光敏电阻器是坏的。

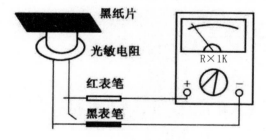

图 3-28　遮光物挡住光敏电阻

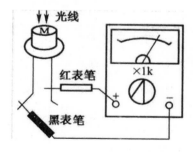

图 3-29　光线照射光敏电阻

单元练习

一、填空题

1. 光电传感器通常能感知紫外线到红外线光的光能，并能将光能转化成电信号。其工作原理是_____效应。

2. 光敏电阻是用_____制成的光电器件，又称光导管，它是基于半导体内光电效应工作的。电阻没有_____，纯粹是一个电阻器件，使用时可加直流偏压，也可加交流电压。

3. 光敏晶体管是_____、_____的总称，光敏二极管与光敏三极管的组合可构成_____。

二、选择题

1. 单色光的波长越短，它的（   ）。

A. 频率越高，其光子能量越大　　　B. 频率越低，其光子能量越大

C. 频率越高，其光子能量越小　　　D. 频率越低，其光子能量越小

2. 下列元件中基于外光电效应的光电元件是（   ）。

A. 光电管　　　　B. 光敏电阻　　　　C. 光敏晶体管　　　　　D. 光电池

3. 光敏电阻的工作基础是（　　　　）效应。

A. 外光电效应　　　B. 内光电效应　　C. 光生伏特效应

4. 光敏电阻在光照下，阻值（　　　　）。

A. 变小　　　　　　B. 变大　　　　　C. 不变

5. 光敏二极管工作在（　　　）偏置状态，无光照时（　　　　　），有光照时（　　　　　）。

A. 正向　　　　　　B. 反向　　　　　C. 截止　　　　　D. 导通

6. 光敏三极管与光敏二极管相比，灵敏度（　　　　　）。

A. 高　　　　　　　B. 低　　　　　　C. 相同

三、问答题

1. 光电效应有哪几种分类？与之对应的光电元件有哪些？

2. 如何检测光敏电阻的好坏？

项目四　压力传感器

学习目标

1. 掌握压力传感器工作原理。
2. 了解压电元件及测量电路。
3. 能够掌握对电压传感器的运用。

任务一 压电传感器的组成

压电式传感器是一种力敏传感器，它可以测量力或最终转换为力的那些非电物理量，例如，动态力、动态压力、振动加速度、位移等，但不能用于静态参数的测量。利用压电效应，传感器将压电材料所受的外力转换为电压信号。压电式传感器的组成如图 4-1 所示。

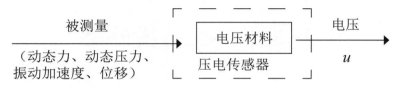

图 4-1 压电式传感器的组成

通过爆震传感器探头的内部结构来了解压电式传感器的组成，如图 4-2 所示。这里的压电式传感器集敏感元件和转换元件于一体。

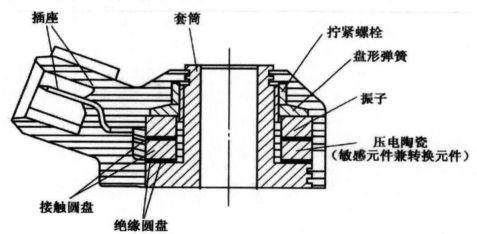

图 4-2 探头内部结构

任务二　压电传感器的工作原理

压电式传感器的工作原理以晶体的压电效应为理论依据。某些物质在沿一定方向受到压力或拉力作用而发生改变时，其表面上会产生电荷；若将外力去掉时，它们又重新回到不带电的状态，这种现象就称为正压电效应。在压电材料的极化方向上，如果加以交流电压，那么压电片能产生机械振动，即压电片在电极方向上有伸缩的现象，压电材料的这种现象称为电致伸缩效应，也称为逆压电效应。具有压电效应的物体则称为压电材料。常见的压电材料有石英、钛酸钡（$BaTiO_3$）、锆钛酸铅等。

一、石英晶体的压电效应

图4-3所示为天然结构的石英晶体，它是个六角形晶柱。在直角坐标系中，x 轴平行于正六面体的棱线，称为电轴或1轴；y 轴垂直于正六面体的棱面，称为机械轴或2轴；z 轴表示其纵向轴，称为光轴或3轴。通常把沿电轴（x 轴）方向的力作用下产生电荷的压电效应称为纵向压电效应；而把沿机械轴（y 轴）方向的力作用下产生电荷的压电效应称为横向压电效应，在光轴（z 轴）方向时则不产生压电效应。

从晶体上沿轴线切下的薄片称为晶体切片，图4-4所示为石英晶体切片的示意图。在每一切片中，当沿电轴方向加作用力 F_x 时，则在与电轴垂直的平面上产生电荷 Q_x，它的大小为

$$Q_x = d_{11}F_x$$

式中 d_{11} 为压电系数。

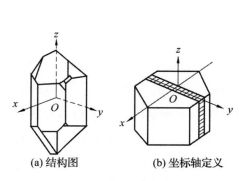

(a) 结构图　　(b) 坐标轴定义

图4-3　天然结构的石英晶体

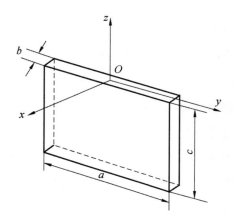

图4-4　石英晶体切片的示意图

电荷 Q_x 的符号由 F_x 是受压还是受拉而决定的，从式图4-3中可以看出，切片上产生

的电荷大小与切片的几何尺寸无关。如果在同一切片上作用的力是沿着 y 轴方向的，其电荷仍在与 x 轴垂直的平面上出现，而极性方向相反，此时电荷的大小为

$$Q_x = d_{12}\frac{a}{b}F_y = -d_{11}\frac{a}{b}F_y$$

式中，a 和 b 分别为晶体切片的长度和厚度；d_{12} 为沿 y 轴方向受力时的压电系数，石英轴对称，$d_{12} = -d_{11}$。

从式图 4-4 中可以看出，沿 y 轴方向的力作用在晶体上时，产生的电荷与晶体切片的尺寸有关。式中的负号说明沿 y 轴的压力所引起的电荷极性与沿 z 轴的压力所引起的电荷极性是相反的。

根据上面所讲，晶体切片上电荷的符号与受力方向的关系可用图 4-5 表示，其中，图 4-5（a）所示是在 x 轴方向上受压力，图 4-5（b）所示是在 x 轴方向上受拉力，图 4-5（c）所示是在 y 轴方向上受压力，图 4-5（d）所示是在 y 轴方向上受拉力。

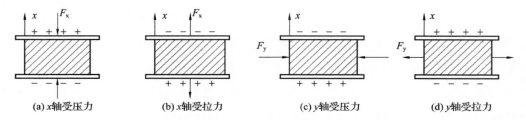

(a) x 轴受压力　　　(b) x 轴受拉力　　　(c) y 轴受压力　　　(d) y 轴受拉力

图 4-5　晶体切片上电荷符号与受力方向的关系

二、压电陶瓷的压电效应

压电陶瓷是人工制造的多晶体，它的压电机理与压电晶体不同。如钛酸钡，它的晶体粒内有许多自发极化的电畴。在极化处理以前，各晶粒的电畴按任意方向排列，自发极化作用相互抵消，压电陶瓷内极化强度为零，如图 4-6（a）所示。当压电陶瓷施加外电场 E 时，电畴由自发极化方向转到与外加电场方向一致，如图 4-6（b）所示（为简单起见，图中将极化后的晶粒画成单畴，实际上极化后的晶粒往往不是单畴的），既然进行了极化，此时压电陶瓷具有一定极化强度，当电场撤销以后，各电畴的自发极化在一定程度上按原外加电场方向取向，强度不再为零，如图 4-6（c）所示。这种极化强度，称为剩余极化强度。这样在压电陶瓷极化的两端就出现了束缚电荷，一端为正电荷，另一端为负电荷，如图 4-7 所示。由于束缚电荷的作用，在压电陶瓷的电极表面上很快就吸附了一层来自外界的自由电荷。这些电荷与陶瓷片内的束缚电荷方向相反而数值相等，它起着屏蔽和抵消陶瓷片内极化强度对外的作用，因此，压电陶瓷对外不表现出极性。如果压电陶瓷上加上一个与极化方向平行的外力，压电陶瓷将产生压缩变形，片内的正、负束缚电荷之间距离变小，电畴发生偏转，极化强度也变小，因此，原来吸附在极板上的自由电荷有一部分被释放而出

现放电现象。当外力撤销后，压电陶瓷恢复原状，片内的正、负电荷之间的距离变大，极化强度也变大，因此，电极上又吸附一部分自由电荷而出现充电现象。这种由机械能转变为电能的现象，就是压电陶瓷的正压电效应。放电电荷的多少与外力的大小成比例关系，即

$$Q=d_{33}F$$

式中，Q 为电荷量；d_{33} 为压电陶瓷的压电系数；F 为作用力。

应该注意的是，刚刚极化后的压电陶瓷的特性是不稳定的，经过两三个月以后，压电系数才近似保持为一个常数。经过两年以后，压电系数又会下降，所以，做成的传感器要经常校准。

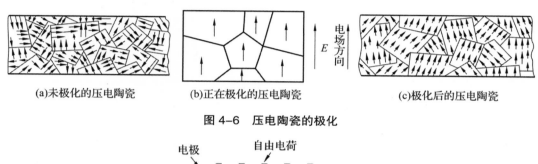

(a)未极化的压电陶瓷　　(b)正在极化的压电陶瓷　　(c)极化后的压电陶瓷

图 4-6　压电陶瓷的极化

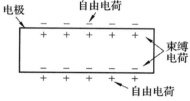

图 4-7　压电陶瓷片内束缚电荷与电极上吸附的自由电荷示意图

另外，压电陶瓷也存在逆压电效应，常见的压电陶瓷有以下几种：

（1）钛酸钡压电陶瓷

钛酸钡压电陶瓷是由碳酸钡和二氧化钛按摩尔比为 1 ：1 混合经烧结得到的，其机电耦合系数（K）、品质因数（Q）、压电系数（d）都很高，抗湿性好，价格便宜。但它的居里点只有 120℃，机械强度差，可以通过置换 Ba^{2+} 和 Ti^{4+} 以及添加杂质等方法来改善其特性。现在含 Ca 或者含钙（Ca）和铅（Pb）的钛酸钡压电陶瓷已得到广泛的应用。

（2）锆钛酸铅 Pb（Zr，Ti）O_3 系压电陶瓷（PZT）

锆钛酸铅系压电陶瓷（PZT）是由钛酸铅（$PbTiQ_3$）和锆酸铅（$PbZrQ_3$）按摩尔比为 47 ：53 组成，居里点在 300℃ 以上，性能稳定，具有很高的介电常数与压电常数。用加入少量杂质或适当改变组分的方法能明显地改变机电耦合系数 K、介电常数 ε 等特性，得到满足不同使用目的的许多新材料。

（3）铌镁酸铅压电陶瓷（PMN）

铌镁酸铅压电陶瓷就是在 $PbTiO_3$–$PbZrO_3$ 中加入一定量的 $Pb(Mg_{1/3}, Nb_{2/3})O_3$，$d_{33}$ 很高，居里点为 260 ℃，能承受 $7×10^7$ Pa 的压强。PMN 的出现增加了许多 $BaTiO_3$ 不可能有的新应用。

如果把 $BaTiO_3$ 作为单元系压电陶瓷的代表，则二元系代表就是 PZT，它是 1955 年以来压电陶瓷之王。PMN 属于三元系列，我国于 1969 年成功地研制出这种陶瓷，成为具有独特性能的、工艺稳定的压电陶瓷系列，已成功地用在压电晶体速率陀螺仪等仪器中。

还有一类钙钛矿型的铌酸盐和钽酸盐系压电陶瓷，如（K，Na）固溶体、（Na，Cd）NbO_3 等。尚有非钙钛矿型氧化物压电体，发现最早的是 $PbNbO_3$，其突出优点是居里点达到 570 ℃。

任务三 压电元件及测量电路

一、压电元件常用结构形式

从压电常数矩阵可以看出，对能量转换有意义的石英晶体变形方式有以下几种：①厚度变形（TE 方式），该方式利用的是石英晶体的纵向压电效应；②长度变形（LE 方式），该方式利用的是石英晶体的横向压电效应；③面剪切变形（FS 方式）；④厚度剪切变形（TS 方式）；⑤体积变形（VE 方式）。图 4-8 示出了压电元件的受力状态及变形方式。

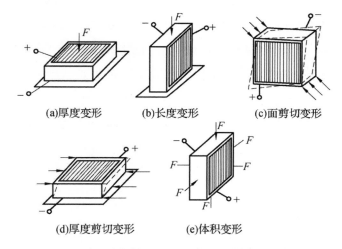

(a)厚度变形   (b)长度变形   (c)面剪切变形

(d)厚度剪切变形   (e)体积变形

图 4-8 压电元件的受力状态及变形方式

在实际使用中，如仅用单片压电片工作的话，要产生足够的表面电荷就要有较大的作用力。而像用作测量粗糙度和微压差时所能提供的力是很小的，所以常把两片或两片以上的压电片组合在一起。图 4-9 为几种"双压电晶片"结构原理图。

图 4-9（a）为双片悬臂元件工作情况。当自由端受力 F 时，晶片弯曲，上片受拉，下片受压，但中性面 OO' 的长度不变。每个单片产生的电荷和电压分别为

$$Q = \frac{3}{8} d_{31} \frac{l^2}{\delta^2} F$$

$$U = \frac{Q}{C} = \frac{3}{8} g_{31} \frac{l}{b\delta} F$$

式中，l、b、δ 分别是压电元件的长、宽和厚度；C 是压电元件本身的电容量；g_{31} 是压电常数，$g_{31} = \frac{d_{31}}{\delta_r \delta_o}$；$\delta_r$、$\delta_o$ 分别是相对介电常数和真空介电常数。

由于压电材料是有极性的，因此存在并联和串联两种接法。

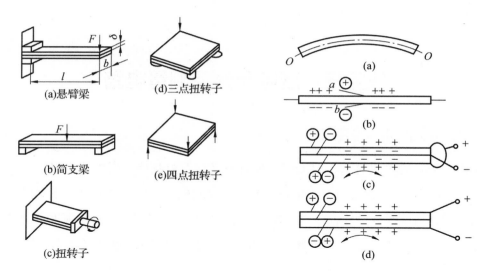

图 4-9　几种"双压电晶片"结构原理图　　图 4-10　双晶片弯曲式压电元件工作原理

如图 4-10（b）所示，设单个晶片受拉力时，上面出现正电荷，下面为负电荷，分别称 a、b 面为⊕面和⊖面；受压力时则反之。图 4-10（c）所示为双晶片按⊕、⊖、⊕、⊖连接，当受力弯曲时，出现电荷为正、负、负、正，负电荷集中在中间电极，正电荷出现在两边电极。相当于两压电片并联，总电容量 C'、总电压 U'、总电荷 Q' 与单片的 C、U、Q 的关系为

$$C' = 2C, \quad U' = U, \quad Q' = 2Q$$

图 4-9（d）所示晶片按⊕、⊖、⊖、⊕连接，当受力弯曲时，正、负电荷分别在上、下电极，在中性面上，上片的负电荷和下片的正电荷相抵消，这就是串联，其关系是

$$C' = C/2, \quad U' = 2U, \quad Q' = Q$$

上述两种方法的 C'、U' 和 Q' 是不同的，可根据测试要求合理选用。

双晶片是多晶片的一种特殊类型，多晶片已广泛应用于测力和加速度传感器中。为了保证双片悬臂元件连接后两电极相同，一般用导电胶黏结。并联接法时中间应加入一铜片或银片作为引出电极。

二、压电元件的等效电路

当压电片受力时，在两个电极上出现异性电荷，这两种电荷量相等，如图 4-11（a）所示。两极板间出现异性电荷，中间为绝缘体，等效为一个电容，如图 4-11（b）所示，其电容量为

$$C_a = \frac{\varepsilon S}{h} = \frac{\varepsilon_r \varepsilon_0 S}{h}$$

式中，C_a 为电容量，S 为极板面积；h 为压电片厚度；ε 为介质介电常数，ε_0 为空气介电常数，其值为 $8.86 \times 10^{-14}/\text{cm}$；$\varepsilon_r$ 为压电材料的相对介电常数，随材料不同而改变。

两极板间电压为

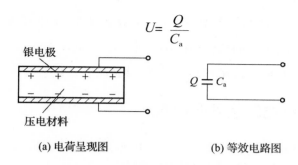

$$U = \frac{Q}{C_a}$$

(a) 电荷呈现图　　　　　　　(b) 等效电路图

图 4-11　压电元件的等效电路

把压电式传感器等效成一个电源 $U = Q/C_a$ 和一个电容 C_a 的串联电路，如图 4-12（a）所示。

由图 4-12（a）可见，只有在外电路负载 R_L 无穷大，内部也无漏电时，受力所产生的电压 U 才能长期保存下来。如果负载 R_L 不是无穷大，则电路就要以时间常数 $R_L C_a$ 按指数规律放电。压电式传感器也可以等效为一个电荷源与一个电容并联的电路，如图 4-12（b）所示。为此在测量一个变化频率很低的参数时，就必须保证负载 R_L 具有很大的数值，从而保证有很大的时间常数 $R_L C_a$，使漏电造成的电压降很小，不至于造成显著的误差，这时 R_L 应达到数百兆欧以上。

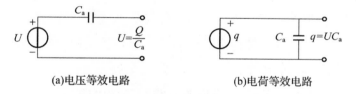

(a)电压等效电路　　　　　　　　(b)电荷等效电路

图 4-12　压电式传感器的等效电路

在压电式传感器中，压电材料一般不用一片，而常常采用两片（或是两片以上）黏结在一起。由于压电材料的电荷是有极性的，因此有两种接法，如图 4-13 所示。图 4-13（a）所示的接法称为两压电片的并联，其输出电容 C' 为单片电容的两倍，但是，输出电压 U' 等于单片电压 U，极板上的电荷量 U' 为单片电荷量 Q 的两倍，总电容为单片电容的两倍，即 $C' = 2Q$，$U' = U$，$C' = 2C$。

图 4-13（b）所示的接法称为两压电片的串联。从图中可知，出的总电荷 Q' 等于单片电荷 Q，而输出电压 U' 为单片电压 U 的 2 倍，总电容 C' 为单片电容 C 的一半，即 $Q' = Q$，$U' = 2U$，$C' = 2C$。

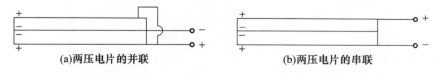

(a)两压电片的并联　　　　　　　　(b)两压电片的串联

图 4-13　两片压电片的连接方式

在这两种接法中，并联接法输出电荷大、本身电容大、时间常数大，应适用于测量慢变信号并且以电荷作为输出量的场合；而串联接法输出电压大、本身电容小，应适用于以电压作为输出信号并且测量电路输入阻抗很高的场合。

三、压电式传感器的信号调理电路

压电式传感器要求负载电阻 R_L 必须有很大的数值才能使测量误差小到一定数值以内。因此常在压电式传感器输出端后面，先接入一个高输入阻抗的前置放大器，然后再接一般的放大电路及其他电路。压电式传感器的测量电路关键在于高阻抗的前置放大器。前置放大器有两个作用：一是把压电式传感器的微弱信号放大；二是把压电式传感器的高阻抗输出变换为低阻抗输出。

压电式传感器的输出可以是电压，也可以是电荷。因此，它的前置放大器也有电压和电荷型两种形式。

1. 电压放大器

因为压电式传感器的绝缘电阻 $R_a \geqslant 10^{10}$ Ω，所以压电式传感器可近似看为开路。当压电式传感器与测量仪器连接后，在测量电路中就应当考虑电缆电容和放大器的输入电容、输入电阻对压电式传感器的影响。为了尽可能保持压电式传感器的输出值不变，要求放大器的输入电阻要尽量高，一般最低在 10^{11} Ω 以上。这样才能减小由于漏电造成的电压（或电荷）损失，不致引起过大的测量误差。

图 4-14 所示为电压放大器输入端等效电路。等效电阻为 $R = \frac{R_a R_i}{R_a + R_i}$，效电容为 $C = C_a + C_c + C_{io}$。由等效电路可知，前置放大器输入电压 U_i 为

$$\dot{U}_i = \dot{I} \frac{R}{1 + j\omega RC}$$

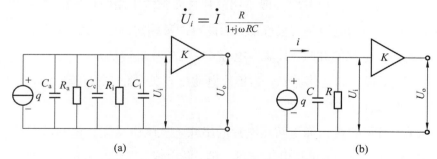

图 4-14 电压放大器输入端等效电路

式中，C_a——传感器的电容；

R_a——传感器的漏电阻；

C_c——连接电缆的等效电容；

R_i——放大器的输入电阻；

C_i——输入电容

假设作用在压电元件的力为 F，其幅值为 F_m，角频率为 ω，即 $F = F_m \sin\omega t$ 若压电元件的压电系数为 d_{11} 则在力 F 的作用下产生的电荷为 $Q = d_{11}F$ 因此

$$i = \frac{dQ}{dt} \omega d_{11} F_m \cos\omega t$$

将上式写成复数形式为

$$\dot{I} = j\omega d_{11}\dot{F}$$

将式 $\dot{I} = j\omega d_{11}\dot{F}$ 代入式 $\dot{U}_i = \dot{I}\frac{R}{1+j\omega RC}$ 得

$$U_{im} = \frac{d_{11}F_m\omega R}{\sqrt{1+(\omega R)^2(C_a+C_c+C_i)^2}}$$

由上式可知，当作用在压电元件上的力是静态力（$\omega=0$）时，则前置放大器的输入电压等于零。因为电荷会通过放大器的输入电阻和传感器本身的泄漏电阻漏掉，这也就从原理上决定了压电式传感器不能测量静态物理量。压电式传感器的高频响应好，这是压电式传感器的一个突出优点。

但是，如果被测物理量是缓慢变化的动态量，而测量回路的时间常数又不大，则造成传感器灵敏度下降。因此为了扩大传感器的低频响应范围，就必须尽量提高电路的时间常数，但不能靠增加测量电路的电容量提高时间常数，因为传感器的电压灵敏度与电容成反比。切实可行的办法是提高测量电路的电阻。由于传感器本身的绝缘电阻一般都很大，因此测量电路的电阻主要取决于前置放大器的输入电阻。放大器的输入电阻越大，测量回路的时间常数就越大，传感器的低频响应也就越好。

压电式传感器在与电压放大器配合使用时，连接电缆不能太长。电缆长，电缆电容 C_a 就大，电缆电容增大必然使传感器的电压灵敏度降低。电压放大器与电荷放大器相比，电路简单，元件少，价格便宜，工作可靠，但是电缆长度对传感器测量精度的影响较大，在一定程度上限制了压电式传感器在某些场合的应用。

解决电缆问题的办法是将放大器装入传感器之中，组成一体化传感器，如图4-15所示。压电式加速度传感器的压电元件是两片并联连接的石英晶片，放大器是一个超小型静电放大器。这样引线非常短，引线电容几乎等于零，这就避免了长电缆对传感器灵敏度的影响。放大器的输入端可以得到较大的电压信号，这样就弥补了石英晶体灵敏度低的缺陷。

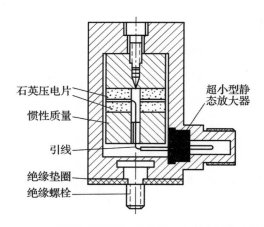

石英压电片
惯性质量
引线
绝缘垫圈
绝缘螺栓

超小型静态放大器

图 4-15　内部装有超小型阻抗变换器的压电式加速度传感器

2. 电荷放大器

电荷放大器是压电式传感器另一种专用的前置放大器。它能将高内阻的电荷源转换为低内阻的电压源，而且输出电压正比于输入电荷，因此电荷放大器同样也起着阻抗变换的作用，其输入阻抗高达 $10^{10} \sim 10^{12}$ Ω，输出阻抗小于 100 Ω。

电荷放大器一个突出的优点是：在一定条件下，传感器的灵敏度与电缆长度无关。电荷放大器实际上是一个具有深度电容负反馈的高增益放大器，其等效电路如图 4-16 所示。图中，K 是放大器的开环增益，$-K$ 表示放大器的输出与输入反相，若放大器的开环增益足够高，则放大器的输入端的电位接近地电位。由于放大器的输入级采用了场效应晶体管，因此放大器的输入阻抗极高，放大器输入端几乎没有电流，电荷 Q 只对反馈电容 C_f 充电，充电电压接近于放大器的输出电压，即

$$U_o \approx U_{cf} = \frac{KQ}{C_a + C_c + C_i + (1+k)C_f} \approx -\frac{Q}{C_f}$$

式中，U_o 为放大器输出电压；U_{cf} 为反馈电容两端的电压。

由上式可知，电荷放大器的输出电压只与输入电荷量和反馈电容有关，而与放大器的放大系数的变化或电缆、电容等均无关系，因此只要保持反馈电容的数值不变，就可以得到与电荷量 Q 变化呈线性关系的输出电压，还可以看出，反馈电容 C_f 越小，输出就越大，因此要达到一定的输出灵敏度要求，就必须选择适当的反馈电容。要使输出电压与电缆电容无关是有一定条件的，当（$1+K$）$C_f \geqslant$（$C_a + C_c + C_i$）时，放大器的输出电压和传感器的输出灵敏度就可以认为与电缆电容无关了。这是使用电荷放大器很突出的一个优点。

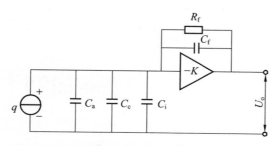

图 4-16　压电传感器与电荷放大器连接的等效电路

3. 差动式电荷放大器

在高温条件下工作的压电式传感器，其本身的绝缘电阻会显著下降，为避免地电场对测试系统的干扰，需要使压电晶体与传感器基座绝缘，这就要求传感器信号线采用双线引出，且电缆外屏蔽线仍与传感器基座相连接。此时单端输入式电荷放大器就无法满足要求，需要采用差动输入式电荷放大器。双点反馈式差动电荷放大器原理框图如图 4-17 所示。

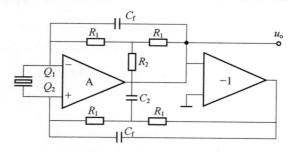

图 4-17　双点反馈式差动电荷放大器原理框图

双点反馈就是除了负反馈外，还同时用倒相后的输出向正输入端反馈。双反馈的优点是：放大器增益基本不受从每个信号输入到公共地线电平衡值或绝对值的影响。

差动式电荷放大器的优点是：①与地绝缘的差动式对称输出压电传感器联用可增加测试系统的抗干扰能力；②仅感受传感器的差动输入电荷信号并将其转换为电压信号；③具有抑制共模电压干扰的能力，并可把杂散磁场和电缆噪声的影响减至最小。

任务四 压电传感器的应用

压电传感器高频响应好，如配备适当的电荷放大器能加大其应用范围。压电传感器应用最多的是测力，凡是能转换成力的机械量，如位移、压力、冲击、振动、加速度等，都可用相应的压电式传感器测量，尤其是对冲击、振动、加速度的测量。

一、压电式加速度传感器

图 4-18 所示为压缩式压电加速度传感器的结构原理图，压电元件一般由两片压电片组成。在压电片的两个表面上镀银层，并在银层上焊接输出引线，或在两个压电片之间夹一片金属，引线就焊接在金属片上，输出端的另一根引线直接与传感器基座相连。在压电片上放置一个密度较大的质量块，然后用一硬弹簧或螺栓、螺帽对质量块预加载荷。整个组件装在一个厚基座的金属壳体中，为了隔离试件的任何应变传递到压电元件上，避免产生假信号输出，所以一般要加厚基座或选用刚度较大的材料来制造。

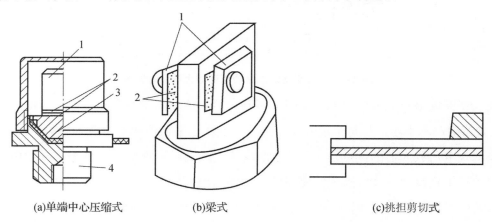

(a)单端中心压缩式　　　　(b)梁式　　　　(c)挑担剪切式

图 4-18　压缩式压电加速度传感器的结构原理图
1-质量块；2-晶片；3-引线；4-底座

测量时，将传感器基座与试件刚性固定在一起。当传感器感受到振动时，由于弹簧的刚度相当大，而质量块的质量相对较小，可以认为质量块的惯性很小，因此质量块感受到与传感器基座相同的振动，并受到与加速度方向相反的惯性力作用。这样，质量块就有一正比于加速度的交变力作用在压电片上。由于压电片具有压电效应，因此在它的两表面上就产生了交变电荷（电压），当振动频率远低于传感器的固有频率时，传感器的输出电荷（电压）与作用力成正比，即与试件的加速度成正比。输出电量由传感器输出端引出，输入到前置放大器后就可以用普通的测量仪器测出试件的加速度，如在放大器中加进适当的积分电路，就可以测出试件的振动加速度或位移。

压电陶瓷元件受外力后表面上产生的电荷为 $Q = d_{33}F$ 因为传感器质量块 m 的加速度 a 与作用在质量块上的力 F 有如下关系：$F = ma$，增加质量块的质量，虽然可以增加传感器的灵敏度，但不是一个好方法。因为在测量振动加速度时，传感器是安装在试件上的，它是试件的一个附加载荷，相当于增加了试件的质量，势必影响试件的振动，尤其当试件本身是轻型构件时影响更大。所以，为提高测量的精确性，传感器的质量要轻，不能为了提高灵敏度而增加质量块的质量。另外，增加质量对传感器的高频响应也是不利的。还可以用增加压电片的数目和采用合理的连接方法提高传感器的灵敏度。

图 4-18（b）所示为梁式加速度传感器结构原理图，它是用压电晶体弯曲变形的方案测量较小的加速度，具有很高的灵敏度和很低的频率下限，因此能测量地壳和建筑物的振动，在医学上也获得了广泛的应用。

图 4-18（c）所示为挑担剪切式加速度传感器原理图，由于压电元件很好地与底座机械隔离，能有效地防止底座弯曲和噪声的影响，压电元件只受剪切力的作用，这就有效地削弱了由瞬变温度引起的热释电效应。它在测量冲击和轻型板、小元件的振动测试中得到了广泛的应用。

二、压电式测力传感器

压电式测力传感器是利用压电元件直接实现力—电转换的传感器，在拉、压场合，通常较多采用双片或多片石英晶片作为压电元件。其刚度大，测量范围宽，线性及稳定性高，动态特性好。当采用大时间常数的电荷放大器时，可测量准静态力，按测力状态分，有单向、双向和三向传感器，它们在结构上基本一样。

图 4-19 所示为压电式单向测力传感器的结构图，用于机床动态切削力的测量。晶体片为 0°X 切型石英晶片，尺寸为 $\phi 8 \text{ mm} \times 1 \text{ mm}$。上盖为传力元件，其变形壁的厚度为 0.1 ~ 0.5 mm 由测力范围（F_{max}=5 000 N）决定。绝缘套用来绝缘和定位。基座内外底面对其中心线的垂直度、上盖及晶片、电极的上下底面的平行度对表面光洁度都有极严格的要求，否则会使横向灵敏度增加或使晶片因应力集中而过早破碎。为提高绝缘阻抗，传感器装配前要经过多次净化（包括超声波清洗），然后在超净工作环境下进行装配，加盖之后用电子束封焊。

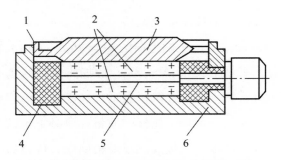

图 4-19　压电式单向测力传感器的结构图

图 4-20 所示为三向压电测力传感器。三向压电测力传感器可同时测量 F_x、F_y 和 F_z 三个互相垂直的力分量，应用较普遍。在三向压电测力传感器中，共有三组晶片，其中一组选用 0°X 切割的石英晶片测垂直方向（z 向）力，另外两组是对水平方向（y 向、x 向）应力敏感，选择具有切变压电效应的石英晶片。

压电式压力传感器的结构类型很多，但它们的基本原理与结构仍与前述压电式加速度和力传感器大同小异。突出的不同点是，它必须通过弹性膜、盒等把压力采集、转换成力，再传递给压电元件。为保证静态特性及其稳定性，通常多采用石英晶体作为压电元件。图 4-21 所示为一种测量均布压力的传感器。拉紧的薄壁管对晶片提供预载力，而感受外部压力则是由挠性材料做成的很薄的膜片。预载筒外的空腔可以连接冷却系统，以保证传感器工作在一定的环境温度条件下，避免因温度变化造成预载力变化引起的测量误差。

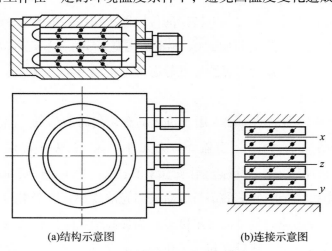

(a)结构示意图　　　　(b)连接示意图

图 4-20　三向压电测力传感器

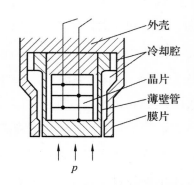

外壳
冷却腔
晶片
薄壁管
膜片

p

图 4-21　测量均布压力的传感器

任务五　压电传感器技能实训

一、压电陶瓷片的识别

（1）材料及仪器

压电陶瓷片若干片，数字万用表1台。

（2）步骤

常用的压电陶瓷片如图4-22所示。它是在铜质金属圆板上覆盖上一层压电陶瓷，在陶瓷片上再涂层银制成的。

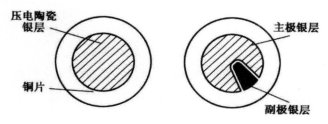

图4-22　压电陶瓷片的识别

二、压电陶瓷片的检测

从压电陶瓷片的两极引出两根引线，然后把它放平在桌子上。将两根引线与万用表的两根表笔分别连接好（万用表置于最小电流挡），然后再用铅笔的橡皮头轻轻压在陶瓷片上，此时万用表的指针若有明显的摆动，说明压电陶瓷片是好的，如图4-23所示。

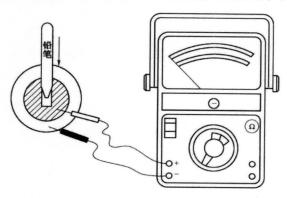

图4-23　压电陶瓷片的检查

单元练习

一、填空题

1. 在压电材料的极化方向上，如果加以交流电压，那么压电片能产生机械振动，即压电片在电极方向上有伸缩的现象，压电材料的这种现象称为_____，也称为_____。

2. 由机械能转变为电能的现象，就是_____。

二、选择题

1. 使用压电陶瓷制作的力或压力传感器可测量（　　）。

A. 人的体重　　　　　　　　　B. 车刀的压紧力

C. 车刀在切削时感受到的切削力的变化量

D. 自来水管中的水的压力

2. 前置放大电路具有（　　）功能

A. 放大　　　　　B. 转换阻抗　　　　　C. 放大与转换

三、问答题

1. 简述压电式传感器的工作原理。

2. 前置放大器有何作用？

四、应用题

标定压电加速度传感器时，峰值电压表的读数为 100 mV，振动台输入的加速度峰值是 2g。求加速度传感器的灵敏度。

项目五　位移传感器

学习目标

1. 了解各种位移传感器的工作原理及应用。

2. 能够按照电路要求对电位器式位移传感器、电感式传感器和超声波式传感器进行电路组装，并学会使用万用表等测量工具检测调试电路。

3. 能够对测试数据进行正确的分析。

任务一　位移传感器的结构

一、位移传感器概述

位移传感器又称为线性传感器，是一种属于金属感应的线性器件，传感器的作用是把各种被测物理量转换为电量。在生产过程中，位移的测量一般分为测量实物尺寸和机械位移两种。按被测变量变换的形式不同，位移传感器可分为模拟式和数字式两种。模拟式又可分为物性型和结构型两种。常用位移传感器以模拟式结构型居多，包括电位器式位移传感器、电感式位移传感器、超声波传感器等。

二、位移传感器系统的结构

系统的整体结构如图 5-1 所示，系统主要由上位机、运动控制环节和位移反馈环节组成。上位机为至少含有两个 COM 口的工业控制计算机。运动控制环节主要由运动控制器、驱动器、混合式步进电机和水平机械运动装置组成；位移反馈环节主要由带数显表的数字位移传感器和 SPP 转 RS232 接口电路组成。

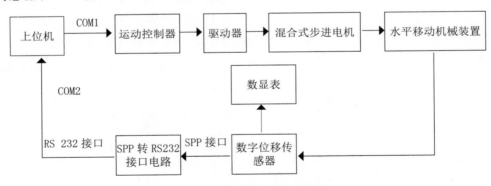

图 5-1　位移测量系统整体结构图

数字位移传感器型号为 5CB ～ 10C，位移测量范围为 0 ～ 20 mm，数显表读数范围为 0 ～ 19.999 mm，分辨率为 1 μm，线性度达到满量程的 0.05%，即精度达到 10 μm。

任务二　电位器式位移传感器

一、电位器式位移传感器的类型

电位器式位移传感器是通过电位器元件将机械位移转换成与之成线性或任意函数关系的电阻或电压输出。按照传感器的结构，电位器式位移传感器可分成两大类，一类是直线型电位器式位移传感器，另一类是旋转型电位器式位移传感器。普通直线型电位器和旋转型电位器可分别用作直线位移和角位移传感器。电位器式位移传感器是为实现测量位移目的而设计的电位器，在位移变化和电阻变化之间有一个确定关系。电位器式位移传感器的可动电刷与被测物体相连，物体的位移引起电位器移动端的电阻变化，阻值的变化量反映了位移的量值，阻值的增大或减小则表明位移的方向。通常在电位器上通以电源电压，以把电阻变化转换为电压输出。

1.直线型电位器式位移传感器

直线型电位器式位移传感器的工作原理和实物如图5-2所示。直线型电位器式位移传感器的工作台与传感器的滑动触点相连，当工作台左右移动时，滑动触点也随之左右移动，从而改变与电阻接触的位置，通过检测输出电压的变化量，确定以电阻中心为基准位置的移动距离。

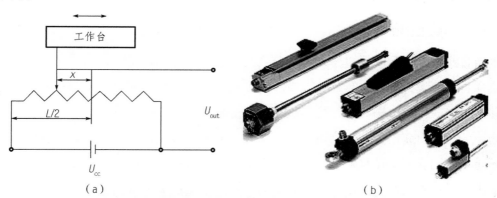

（a）　　　　　　　　　　　　　　　　（b）

图5-2　直线型电位器式位移传感器的工作原理和实物

（a）工作原理；（b）实物

直线型电位器式位移传感器主要用于检测直线位移，其电阻器采用直线型螺线管或直线型碳膜电阻，滑动触点也只能沿电阻的轴线方向做直线运动。直线型电位器式位移传感器的工作范围和分辨率受电阻器长度的限制，线绕电阻、电阻丝本身的不均匀性会造成传感器的输入、输出关系的非线性。

2.旋转型电位器式位移传感器

旋转型电位器式位移传感器的电阻元件呈圆弧状，滑动触点在电阻元件上做圆周运动。由于滑动触点等的限制，传感器的工作范围只能小于360°。把图5-1中的电阻元件弯成圆弧形，可动触点的另一端固定在圆的中心，并顺时针回转时，由于电阻值随着回转角而改变，因此基于上述理论可构成角度传感器。

图5-3所示为旋转型电位器式位移传感器的工作原理和实物。当输入电压加在传感器的两个输入端时，传感器的输出电压与滑动触点的位置成比例。应用时，待测物体与传感器的旋转轴相连，这样根据测量的输出电压的数值即可计算出待测物对应的旋转角度。

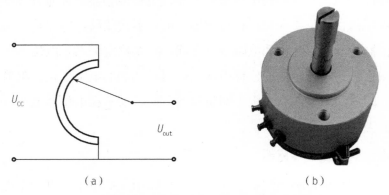

（a）   （b）

图5-3　旋转型电位器式位移传感器的工作原理和实物
（a）工作原理；（b）实物

二、电位器式位移传感器的原理及特点

1.电位传感器的工作原理

普通直线电位器和圆形电位器都可分别用作直线位移和角位移传感器。但是，为实现测量位移目的而设计的电位器，要求在位移变化和电阻变化之间有一个确定关系。电位器式位移传感器的可动电刷与被测物体相连。

物体的位移引起电位器移动端的电阻变化。阻值的变化量反映了位移的量值，阻值的增加还是减小则表明了位移的方向。通常在电位器上通以电源电压，以把电阻变化转换为电压输出。线绕式电位器由于其电刷移动时电阻以匝电阻为阶梯而变化，其输出特性亦呈阶梯形。如果这种位移传感器在伺服系统中用作位移反馈元件，则过大的阶跃电压会引起系统振荡。因此在电位器的制作中应尽量减小每匝的电阻值。电位器式传感器的另一个主要缺点是易磨损。

2. 电位式传感器的特点

优点：

电位器式位移传感器具有性能稳定、结构简单、使用方便、尺寸小、质量轻等优点。它的输入／输出特性可以是线性的，也可以根据需要选择其他任意函数关系的输入／输出特性；它的输出信号选择范围很大，只需改变电阻器两端的基准电压就可以得到比较小的或比较大的输出电压信号。这种位移传感器不会因失电而丢失其已接收到的信息。当电源因故断开时，电位器的滑动触点将保持原来的位置不变，只要重新接通电源，原有的位置信息就会重新出现。

缺点：

电位器式位移传感器的主要缺点是容易磨损，当滑动触点和电位器之间的接触面有磨损或有尘埃附着时会产生噪声，使电位器的可靠性和寿命受到一定的影响。

三、电位器式位移传感器的应用

电位器式位移传感器在机械设备的行程控制及位置检测中占有很重要的地位，因其精度高，量程范围大，移动平滑、顺畅，分辨率高，寿命长等特点，尤其在较大位移测量中得到了广泛应用，如注塑机、成型机、压铸机、印刷机械、机床等。

在工程应用中，通过电位器式位移传感器将机械位移转换成电阻的变化，再通过应用电路将电阻的变化转换成电压的变化，并制成分度表；相应地，根据输出电压的数值即可知道位移的大小。

四、电位器式位移传感器的位置检测电路制作

电位器式位移传感器的位置检测电路如图 5-4 所示。

电位器式位移传感器 R_{p1} 的值为 10 kΩ，常见的阻值还有 1 kΩ、2 kΩ 及 5 kΩ 等。在工程应用中，需将阻值的变化转换成电压或电流等标准信号，电压主要有：0~5 V、0~10 V、±5 V 和 ±10 V，电流有 4~20 mA。图 5-4 中 R_{p1} 滑动端输出电压经 IC_{1A} 构成的电压跟随器送到由 IC_{1B} 和 IC_{1C} 组成的电压比较器，分别输出行程下限和上限控制信号。R_{p1} 滑动端输出电压为 0~5 V，则 IC_{1A} 输出电压也为 0~5 V。

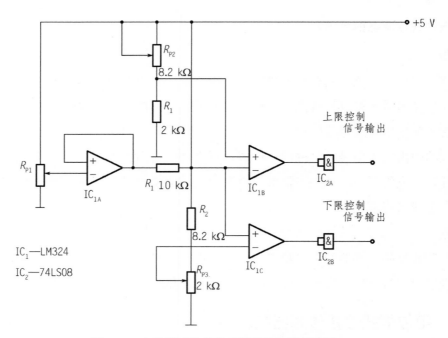

图 5-4 电位器式位移传感器的位置检测电路

对于 IC_{1C} 来说，若实际行程小于下限行程，则 IC_{1C} 输出为 0；若实际行程超过下限行程，则 IC_{1C} 输出为 5 V；而此时 IC_{1B} 始终为 5 V。

对于 IC_{1B} 来说，当实际行程小于上限时，输出的上限控制信号为 5 V；当实际行程超过上限时，此时 IC_{1B} 输出的上限控制信号为 0；而此时的 IC_{1C} 一直保持为 5 V。

图 5-4 中 R_{p2} 用于调节上限位置，其调节范围是 20~100 mm；R_{p3} 用于调节下限位置，其调节范围是 0~20 mm。

根据图 5-3（a）组装制作电路，电路制作完成后，只要元器件参数正确、没有接错，电路参数不需要调试即可工作。

任务三　电感式位移传感器

电感式位移传感器是由铁芯和线圈构成的将直线或角位移的变化转换为线圈电感量变化的传感器，又称电感式位移传感器。这种传感器的线圈匝数和材料磁导率都是一定的，其电感量的变化是由于位移输入量导致线圈磁路的几何尺寸变化而引起的。当把线圈接入测量电路并接通激励电源时，就可获得正比于位移输入量的电压或电流输出。常用的电感式位移传感器有变气隙式、变面积式和螺管插铁式。在实际应用中，这三种传感器多制成差动式，以便提高线性度和减小电磁吸力所造成的附加误差。本任务主要介绍差动变压器式电感传感器。

一、差动变压器的结构

差动变压器式电感传感器，又称为差动变压器，是一种线圈互感随衔铁位移变化而变化的变磁阻式传感器。它与变压器的不同之处是：前者为开磁路，后者为闭合磁路；前者初、次级绕组间的互感随衔铁移动而变，且两个次级绕组按差动方式工作，而后者初、次级绕组间的互感为常数。差动变压器式传感器与自感式传感器统称为电感式传感器。差动变压器的结构形式主要有变气隙式、变面积式和螺管式。目前应用最广的是螺管式差动变压器，其结构如图 5-5 所示，它可以测量 1~100 mm 的机械位移，并具有测量精度高、灵敏度高、结构简单、性能可靠等优点。常见的差动变压器如图 5-6 所示。

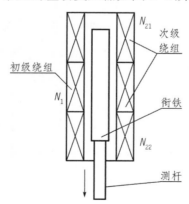

图 5-5　螺管式差动变压器的结构

（a）　　　　　　　　　　　　　　　　　（b）

图 5-6　常见的差动变压器

（a）测直线位移的差动变压器；（b）测角位移的差动变压器

　　差动变压器式传感器主要由一个初级绕组、两个次级绕组和衔铁构成，当衔铁移动时，引起初、次级绕组之间的互感量发生变化，由于两个次级绕组反向串联，差动输出，故得名差动变压器式传感器。

二、差动变压器的工作原理

　　差动变压器的工作原理如图 5-7 所示，当初级绕组加入激励电源后，其次级绕组会产生感应电动势。当衔铁处于中间位置时，互感系数相等，两个绕组的互感 $M_1=M_2=M$，$U_{21}=U_{22}$。由于两个次级绕组反向串联，所以差动变压器的输出电压 $U_0=0$，此时处于平衡位置。当衔铁随被测量移动偏离中间位置时，互感系数不相等，两个线圈的电感一个增加，一个减小，形成差动形式，此时 M_1 和 M_2 不再相等，经测量电路转换成一定的输出电压，衔铁移动方向不同，输出电压的相位也不同。

　　差动变压器的输出特性如图 5-8 所示，图中 x 表示衔铁位移量。当差动变压器的结构及电源电压一定时，互感系数 M_1、M_2 的大小与衔铁的位置有关。

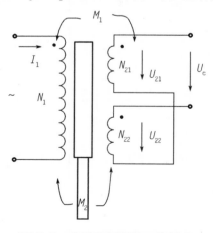

图 5-7　差动变压器的工作原理

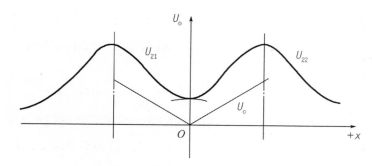

图 5-8　差动变压器的输出特性
1—理想输出特性；2—实际输出特性

三、电感式位移传感器的电动测微仪检测电路制作

电感传感器的位移测量电路如图 5-7 所示。

1. 电路组成及原理

直流差分变压器电路可用于差分变压器与控制室相距较远（大于 100 m）、要求设备之间不产生干扰、便于携带测量的场合。直流差分变压器组成的电感式测微仪检测电路如图 5-7 所示，由多谐振荡器电路、差分整流电路、放大电路、滤波电路和直流电源五部分组成。Q_1、U_3、R_{13}、R_{14}、R_{15}、R_{16}、D_5、D_6、C_5、C_6 组成多谐振荡器电路；T_1、D_1、D_2 组成简单的差分整流电路；R_1、R_2、R_3、R_4、R_5、R_6、D_3、D_4、U_1、W_1、W_2 组成差分运算放大电路；R_7、R_8、R_9、R_{10}、R_{11}、R_{12}、C_1、C_2、C_3、C_4、U_2、W_3 组成有源低通滤波电路。

1）多谐振荡器电路

由 U_3（555）、R_{15}、R_{16}、D_5、D_6、C_5、C_6 构成多谐振荡器，振荡频率为 6 kHz 的方波信号（可微调 R_{15}、R_{16} 改变振荡频率），由 555 的 3 脚输出经 R_{14}、Q_1、R_{13} 倒相后为直流差分变压器电路提供一定功率的激励信号源。

2）差分整流电路

差分变压器 T_1 次级绕组同名端串接成差分方式输出，由二极管 D_1 和 D_2 分别对两个次级绕组的感应电动势整流并送入下级进行放大。这种差分整流电路结构简单，无须考虑相位调整和零位输出电压的影响，无须比较电压绕组，也不必考虑感应和分布电容的影响，且整流电路在差分电路一侧，两根直流输送线连接方便，可进行远距离输送。

差分变压器 T_1 由一个初级绕组和两个次级绕组及一个铁芯组成，铁芯与被测物体相连，被测物体移动时带动铁芯运动，从而使铁芯的位置发生变化。当铁芯在差分变压器式传感器的中间位置时，两个次级绕组的互感相同，由一次激励引起的感应电动势相同，差分输出电压为零。当铁芯受被测对象牵动向上移动时，则上面的次级绕组的互感大，下面的次级绕组的互感小，上面的次级绕组内感应电动势大于上面的次级绕组内感应电动势，差分输出有电压。反之，当铁芯向下移动时，差分输出电压反相。在传感器的量程内，铁芯移动量越大，差分输出电压也越大。因此，由差分输出电压的大小和方向便可判断出被测对象的移动方向和移动量的大小。

3）放大电路

为了提高位移检测的精确度，需要对输出的差分整流信号进行放大。放大电路由 U_1 运放 741 和 R_1、R_2、R_3、R_4、R_5、R_6、D_3、D_4、W_1、W_2 组成常用的差分运算放大器。D_3 和 D_4 为保护限幅二极管，W_1 为差分运算放大器调零用，W_2 可调整差分运算放大器的增益。

4）滤波电路

滤波电路用于滤除放大电路输出的干扰信号，提高精确定。由 U_2 运放 741 和 R_7、R_8、R_9、R_{10}、R_{11}、R_{12}、C_1、C_2、C_3、C_4、W_3 组成有源低通滤波器，将调制的高频载波滤掉，从而检出铁芯位移产生的有用信号。

由滤波器输出的 OUT 信号为正、负变化的直流电压信号，此信号可提供给 A/D 转换器进行模数转换供单片机进行处理，或供电压比较器进行电压比较构成限位开关或限位报警。

2. 制作步骤、方法和工艺要求

（1）对照元器件清单清点元器件数量，检测差动变压器的质量好坏。

（2）按照图 5-7 制作电路。集成电路 U_1、U_2、U_3 使用集成电路插座安装，安装时先将集成电路插座焊好，等所有元器件焊接完成后再安装集成块。元器件摆放要整齐，连接导线要横平竖直，焊点要大小均匀、有光泽。

（3）所有焊接完成，检查无误后进行通电调试。

任务四　超声波式传感器

一、认识超声波式传感器

声波是一种机械波。当它的振动频率在 20 Hz~20 kHz 的范围内时，可为人耳所听到，称为可闻声波，低于 20 Hz 的机械振动人耳不可闻，称为次声波，但许多动物却能感受到，例如地震发生前的次声波就会引起许多动物的异常反应。频率高于 20 kHz 的机械振动称为超声波。超声波有许多不同于可闻声波的特点，例如，它的指向性很好，能量集中，因此穿透本领大，能穿透几米厚的钢板，而能量损失不大。在遇到两种介质的分界面（如钢板与空气的交界面）时，能产生明显的反射和折射现象，这一现象类似于光波，超声波的频率越高，其声场的指向性就越好，与光波的反射、折射特性就越接近。

超声波为直线传播方式，它具有频率高、波长短、绕射现象小，特别是方向性好，能够成为射线而定向传播等特点。超声波对液体、固体的穿透本领很大，尤其是在阳光不透明的固体中，它可穿透几十米的深度。超声波碰到杂质会产生显著反射形成回波，碰到活动物体能产生多普勒效应。因此，超声波测量在国防、航空航天、电力、石化、机械、材料等众多领域具有广泛的作用，它不但可以保证产品质量、保障安全，还可起到节约能源、降低成本的作用。为此，利用超声波的这种性质可制成超声波传感器。以超声波作为检测手段，必须能够产生超声波和接收超声波，完成这种功能的装置就是超声波传感器，习惯上称为超声波换能器，或者称为超声波探头。常见的超声波传感器如图 5-9 所示。

图 5-9　超声波传感器

二、超声波式传感器测距的原理

超声波发射器向某一方向发射超声波，在发射的同时开始计时，超声波在空气中传播，途中碰到障碍物就立即返回，超声波接收器收到发射波就立即停止计时。假设超声波在空气中的传播速度为 v，计时器记录的时间为 t，发射点距障碍物的距离为 H，如图 5-10 所示。

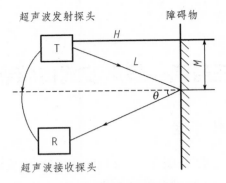

图 5-10　超声波测距原理

图 5-19 中被测距离为 H，两探头中心距离的一半用 M 表示，超声波单程所走过的距离用 L 表示，由图 5-9 可得

$$H = L\cos\theta$$

$$\theta = \arctan\left(\frac{M}{H}\right)$$

故

$$H = L\cos\left[\arctan\left(\frac{M}{H}\right)\right]$$

在整个传播过程中，超声波所走过的距离为

$$2L = vt$$

式中：v——超声波的传播速度；

$\quad\quad$ t——传播时间，即超声波从发射到接收的时间。

可得

$$H = 0.5vt\cos\left[\arctan\left(\frac{M}{H}\right)\right]$$

当被测距离 H 远远大于 M 时，变为

$$H = 0.5vt$$

这就是所谓的时间差测距法。首先测出超声波从发射到遇到障碍物返回所经历的时间，再乘超声波的速度就得到两倍的声源与障碍物之间的距离。

由于是利用超声波测距，要测量预期的距离，产生的超声波要有一定的功率和合理的频率才能达到预定的传播距离，同时这是得到足够的回波功率的必要条件，只有得到足够的回波频率，接收电路才能检测到回波信号和防止外界干扰信号的干扰。经分析和大量试验表明，频率为 40 kHz 左右的超声波在空气中传播效果最佳，同时为了处理方便，发射

的超声波被调制成具有一定间隔的调制脉冲波信号。

倒车雷达只需要在汽车倒车时工作，为驾驶员提供汽车后方的信息。由于倒车时汽车的行驶速度较慢，与声速相比可以认为汽车是静止的，因此在系统中可以忽略多普勒效应的影响。在许多测距方法中，脉冲测距法只需要测量超声波在测量点与目标间的往返时间。如图 5-11 所示，设计要求当驾驶员将手柄转到倒车挡后，系统自动起动，超声波发送模块向后发射 40 kHz 的超声波信号，经障碍物反射，由超声波接收模块收集，进行放大和比较，单片机 AT89S51 将此信号送入显示模块，当与障碍物距离小于 1 m、0.5 m、0.25 m 时，发出不同的报警声，提醒驾驶员停车，同时触发语音电路发出同步语音提示。

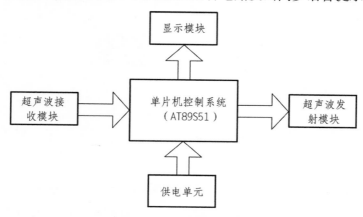

图 5-11 倒车雷达电路框图

三、超声波式传感器的应用

1. 超声波式传感器在测距系统中的应用

超声波测距大致有以下方法：

（1）取输出脉冲的平均值电压，该电压（其幅值基本固定）与距离成正比，测量电压即可测得距离。

（2）测量输出脉冲的宽度，即发射超声波与接收超声波的时间间隔 t，故被测距离 $s = 1/2vt$。

如果测距精度要求较高，则应通过温度补偿的方法加以校正。超声波测距适用于高精度的中长距离测量。

把超声波式传感器安装在合适的位置，对准被测物变化方向发射超声波，就可测量物体表面与传感器的距离。超声波式传感器一般包括发送器和接收器，但一个超声波式传感器也可具有发送和接收声波的双重作用。超声波式传感器是利用压电效应的原理将电能和超声波相互转化，即在发射超声波的时候，将电能转换，发射超声波；而在收到回波的时候，则将超声振动转换成电信号。安装于汽车中的超声波距离传感器如图 5-12 所示。

2. 超声波式传感器在医学上的应用

超声波在医学上的应用主要是诊断疾病，它已经成为临床医学中不可缺少的诊断方法。超声波诊断的优点是：受检者无痛苦、对受检者无损害、方法简便、显像清晰、诊断的准确率高等。 医学超声成像（超声检查、超声诊断学）是一种基于超声波的医学影像学诊断技术，使肌肉和内脏器官（包括其大小、结构和病理学病灶）可视化。产科超声检查在妊娠时的产前诊断中广泛使用，如图 5-13 所示。

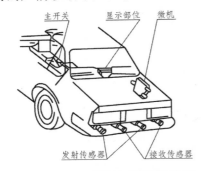

图 5-12　汽车中的超声波距离传感器

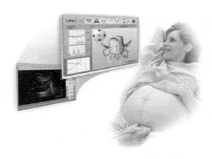

图 5-13　产科超声检查

3. 超声波式传感器在测量液位时的应用

超声波测量液位的基本原理是：由超声探头发出的超声脉冲信号在气体中传播，遇到空气与液体的分界面后被反射，接收到回波信号后计算其超声波往返的传播时间，即可换算出距离或液位高度。

超声波测量方法有很多其他方法所不具备的优点：

（1）无任何机械传动部件，也不接触被测液体，属于非接触式测量，不怕电磁干扰，不怕酸、碱等强腐蚀性液体等，因此性能稳定、可靠性高、寿命长。

（2）其响应时间短，可以方便地实现无滞后的实时测量。

超声波液位仪如图 5-14 所示。

图 5-14　超声波液位仪

二、超声波车载雷达测距电路

超声波车载雷达测距电路可用万能电路板制作，也可用面包板或模块制作。

1. 超声波测距单片机系统

超声波测距单片机系统主要由 AT89S51 单片机、晶振、复位电路、电源滤波部分构成。由 K_1、K_2 组成测距系统的按键电路，用于设定超声波测距报警值。倒车雷达测距单片机系统如图 5-15 所示。

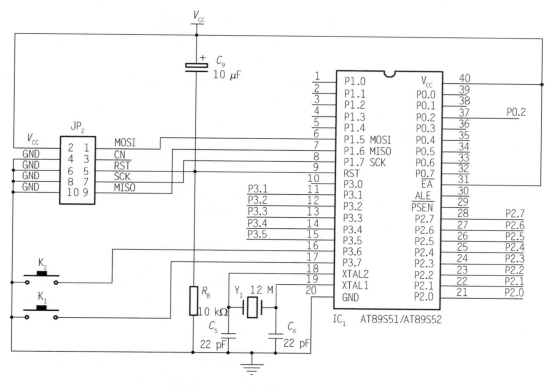

图 5-15　倒车雷达测距单片机系统

2. 超声波测距发射、接收电路

超声波测距发射电路如图 5-16 所示。超声波测距发射电路由电阻 R_1、三极管 BG_1、超声波脉冲变压器 B 及超声波发送头 T40 构成。超声波脉冲变压器的作用是提高加载到超声波发送头两端的电压，以提高超声波的发射功率，从而提高测量距离。接收电路由 BG_1、BG_2 组成的两组三极管放大电路构成；超声波的检波电路、比较整形电路由 C_7、D_1、D_2 及 BG_3 组成。

40 kHz 的方波由 AT89S51 单片机的 P2.7 输出，经 BG_1 推动超声波脉冲变压器，在脉冲变压器次级形成 60VPP 的电压，加载到超声波发送头上，驱动超声波发射头发射超声波。发送出的超声波遇到障碍物后产生回波，反射回来的回波由超声波接收头接收。由于声波在空气中传播时的衰减，所以接收到的波形幅值较低，经接收电路放大、整形，最后输出一负跳变，输入单片机的 P3 脚。

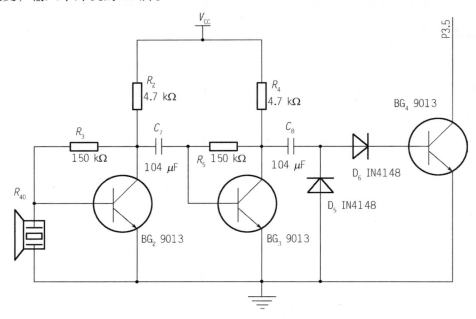

图 5–16 超声波测距接收电路

该测距电路的 40 kHz 方波信号由单片机 AT89S51 的 P2.7 发出。方波的周期为 1/40 ms，即 25 μs，半周期为 12.5 μs。每隔半周期时间，让方波输出脚的电平取反，便可产生 40 kHz 方波。由于单片机系统的晶振为 12 M 晶振，因而单片机的时间分辨率是 1 μs，所以只能产生半周期为 12 μs 或 13 μs 的方波信号，频率分别为 41.67 kHz 和 38.46 kHz。本任务选用后者，让单片机产生约 38.46 kHz 的方波。

由于反射回来的超声波信号非常微弱，所以接收电路需要将其进行放大，将接收到的信号加到 BG_1、BG_2 组成的两级放大器上进行放大。每级放大器的放大倍数为 70 倍。放大的信号通过检波电路得到解调后的信号，即把多个脉冲波解调成多个大脉冲波。这里使用的是 1N4148 检波二极管，输出的直流信号即两二极管之间的电容电压。该接收电路结构简单，性能较好，制作难度小。

3. 显示电路

本系统采用三位一体 LED 数码管显示所测距离值，如图 5–17 所示。数码管采用动态扫描显示，段码输出端口为单片机的 P2 口，位码输出端口分别为单片机的 P3.4、P3.2、P3.3 口，数码管为驱运用 PNP 三极管、S9012 三极管。

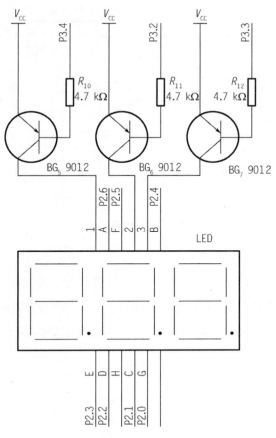

图 5-17 显示电路

4. 供电电路

本测距电路由于采用 LED 数码管的显示方式，正常工作时，系统工作电流为 30~45 mA，为保证系统统计的可靠、正常工作，系统的供电方式主要为 AC 6~9 V，同时为调试系统方便，供电方式考虑了第二种方式，即由 USB 口供电，调试时直接由电脑 USB 口供电。6 V 交流是经过整流二极管 D_1~D_4 整流成脉动直流后，经滤波电容 C_1 滤波后形成直流电，为保证单片机系统的供电，供电路中由 5 V 的三端称压集成电路进行稳压后输出 5 V 的直流电供整个系统用电，为进一步提高电源质量，5 V 的直流电再次经过 C_3、C_4 滤波，如图 5-18 所示。

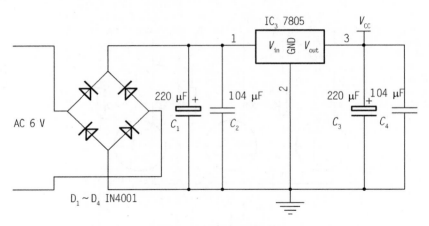

图 5-18　供电电路

5. 报警输出电路

报警信号由单片机 P0.2 口输出，提供声响报警信号，电路由电阻 R_7、三极管 BG_8、蜂鸣器 BY 组成，当测量值低于事先设定的报警值时，蜂鸣器发出"滴、滴、滴……"报警声响信号；当测量值高于设定的报警值时，停止发出报警声响。报警输出电路如图 5-19 所示。

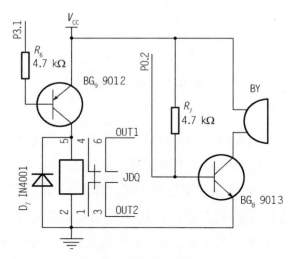

图 5-19　报警输出电路

任务五 位移传感器技能实训

进行超声波探头的质量检测

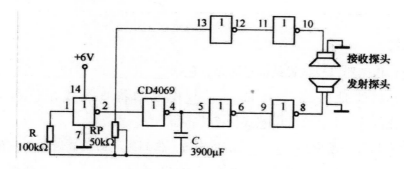

1. 材料及仪器

（1）直流稳压电源 1 台。

（2）超声波探头 2 个。

（3）电路板及元件 1 套。

2. 步骤

（1）按照电路图装配音频振荡电路。

（2）对照电路检查装配好的电路板，直至准确无误后再连接到直流稳压电源，打开电源。如果此时传感器能发出音频声音，基本就可以确定探头是好的；若没有听到声音，则说明两个探头中的一个或都出现了故障。

单元练习

一、填空题

1. 常用位移传感器以模拟式结构型居多，包括_____、_____、_____等。

2. 电感传感器是由_____和_____构成的将直线或角位移的变化转换为_____变化的传感器，又称电感式位移传感器。。

3. 超声波在均匀介质中按_____方向传播，但到达界面或者遇到另一种介质时，也像光波一样产生反射和折射。超声波的发射，依据压电晶体的_____效应；超声波的接收，依据压电晶体的_____效应。

4. 超声波传感器对物体位置的测量是根据超声波在两个分界面上的_____特性而进行的。

二、选择题

1. 常用于制作超声波探头的材料是（ ）。

A. 应变片　　　　B. 热电偶　　　　C. 压电晶体　　　D. 霍尔传感器

2. 超声波从水（密度小的介质）中以45°倾斜角入射到钢（密度大的介质）中时，折射角（ ）于入射角。

A. 大于　　　　　B. 小于　　　　　C. 等于

三、问答题

1. 简述电位器式位移传感器的工作原理。

2. 超声波有哪些特性？利用超声波传感器可以测量哪些物理量？

项目六 流量传感器

学习目标

1. 掌握流量传感器的工作原理。

2. 掌握流量传感器的种类、特性、主要参数和选用方法。

3. 能够熟练对流量传感器进行检测。

4. 能够分析流量传感器的信号检测和转换电路的工作原理。

任务一　流量传感器的概述

一、流量传感器的概念

流量是工业生产和生活中一个重要参数。单位时间内流过管道某一截面的流体数量，成为瞬时流量。瞬时流量有体积流量和质量流量之分。流量传感器是检测流体流量的传感器。近年来随着科学技术和人类需求的发展，流量传感器也在不断的发展，流量传感器是测量技术中重要的一类仪器，它被广泛的应用于工业过程控制、生活科技、商业应用、军事等领域。

二、流量传感器的分类

流量传感器是工业和生活中最常见的一种传感器。分为测量气体和液体量大方面。按结构类型又可分为：

1. 涡轮式

涡轮式流量传感器是通过测量涡轮转速来读出流度，进而转化成流量。水表就是一种典型的涡轮式流量穿管器。

2. 差压式

差压式流量传感器是利用伯努利定律制作而成的，被测流量由节流变送器输送到压力传输通道，再到压力传感器直到信号输出。

3. 电磁式

电磁式流量传感器是基于电磁感应原理做成的，所以不能用于磁性流体的场合。以上几种流量传感器都是速度式传感器。

4. 流体振动式

流体振动式流量传感器有涡街流量传感器和旋进式流量传感器两种类型。这种新型的流量传感器，在将来很有发展前途。

5. 转子式

转子式流量传感器是面积流量传感器，它有转子和锥形管所组成，转子的高度就是流量读书。

6. 往复活塞式

往复活塞式传感器像一个容器，可以测量累计的流量，它几乎不受流体性质的影响而且精准度很高。

7. 旋转式活塞

旋转式活塞流量传感器是在有压力差的情况下致使活塞运动，活塞的速度跟流量成正比，然后通过转化测量总流量。

8. 冲击板式

冲击板式流量传感器可以测量固定流量，它由冲击板和流量仪所组成，一般所测物体的单个重量不超过冲击板重量的百分之五。

9. 分流旋翼式

分流旋翼式流量传感器主要用于测量气体流量，它具有体积小、重量轻、水平垂直都可安装的直接安装。

10. 热动式

热动式流量传感器是通过测量温度变换来测量流量的传感器，它先流体加热，这样流动过程中会产生温差，加热物体也会产生温度变化，这种温度变化速度可以转化成流速。

三、流量传感器的工作原理

流量传感器具有多种不同的表现形式，不同的流量传感器的工作原理也大不相同。例如，超声波流量传感器有的基于多普勒法，即利用介质对声波的反射使频率发生改变，进而在声源和接收声波的介质相对运动时产生频差；有的基于运行时间法，即声速叠加介质流速，若超声波与水流方向一致，则运行时间短，反之运行时间就长，流速可由运行时间差运算得来。涡街流量传感器基于涡流频率法（涡街原理），即流体中放置阻流体而形成卡曼涡街，在有一定流量的情况下，阻流体两侧形成规则漩涡。差压法流量传感器基于柏努利原理，即管道交叉部分狭窄，形成管口，由于管道系统中任意位置流量相同，因此形成压降，根据柏努利原理可计算出流量。

任务二　涡轮式流量传感器

涡轮式流量传感器类似于叶轮式水表，是一种速度式流量传感器。它是以动量矩守恒原理为基础，利用置于流体中的涡轮的旋转速度与流体速度成比例的关系来反映通过管道的体积流量的。涡轮式流量传感器在石油、化工、冶金、城市燃气管网等行业中具有广泛的使用价值。

涡轮式流量传感器按被测介质分类，分为液体涡轮式流量传感器和气体涡轮式流量传感器，如图6-1、图6-2所示。

图6-1　液体涡轮式流量传感器

图6-2　气体涡轮式流量传感器

一、涡轮式流量传感器的结构

涡轮式流量传感器主要由壳体、导向体、涡轮、轴、轴承和信号检测器等部分组成，如图6-3所示。

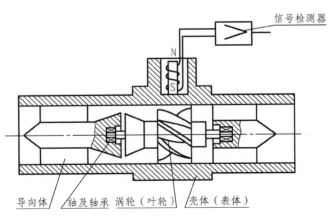

图6-3　涡轮式流量传感器的结构

（1）壳体（表体）：壳体是传感器的主体部件，它起到承受被测流体的压力、固定安装检测部件、连接管道的作用，采用不导磁不锈钢或硬铝合金制造。壳体内装有导向体、叶轮、轴、轴承，壳体外壁安装有信号检测器。对于一体化温度、压力补偿型的流量计，壳体上还安装有温度、压力传感器。

（2）导向体：通常选用不导磁不锈钢或硬铝材料制作。导向体安装在传感器进出口处，对流体起导向、整流以及支撑叶轮的作用，但应注意采用导向体有一定的压力损失。

（3）涡轮（叶轮）：检测气体时一般采用工程塑料或铝合金材质，检测液体时一般采用高导磁性材料，是传感器的检测部件，其作用是把流体动能转换成机械能。叶轮有直板叶片、螺旋叶片和丁字形叶片等几种。叶轮的动平衡直接影响仪表的性能和使用寿命。

（4）轴及轴承：它支承叶轮旋转，需有足够的刚度、强度、硬度、耐磨性、耐腐蚀性等。它决定着传感器的可靠性和使用期限。

（5）信号检测器：一般采用变磁阻式，它由永久磁钢、导磁棒（铁芯）和线圈等组成，其作用是把涡轮的机械转动信号转换成电脉冲信号输出。

二、涡轮式流量传感器的特点

（1）精确度高，液体一般为 $\pm$（0.25~0.50）%R（R 为读数，或表显示量），高精度型可达 $\pm0.15\%R$，气体一般为 $\pm$（1.0~1.5）%R，特殊专用型为 $\pm$（0.5~1.0）%R。在所有流量计中，涡轮式流量传感器属于最精确的。

（2）重复性好，短期重复性可达 0.05%~0.20%。

（3）输出为脉冲频率信号，适用于总量计量及与计算机连接。

（4）无零点漂移，抗干扰能力强，频率高达 4 kHz，信号分辨力强。

（5）量程比宽，中大口径可达 40∶1~10∶1，小口径为 6∶1 或 5∶1。

（6）结构紧凑、轻巧，安装维护方便，流通能力大。

（7）适用于高压测量，仪表壳体不必开孔，易制成高压型仪表。

（8）结构类型多，可适应各种测量对象的需要。

三、涡轮式流量传感器的选用方法

涡轮式流量传感器的选用要从以下几个方面考虑。

（1）精度等级。一般来说，选用涡轮式流量传感器主要是因其具有较高的精度，但是流量计的精度越高，对现场使用条件的变化就越敏感，因此对仪表精度的选择要慎重，应从经济角度考虑。对于大口径输气管线的贸易结算仪表，在仪表上多投入是合理的；而对于输送量不大的场合，选用中等精度水平的流量计即可。

（2）流量范围。涡轮式流量传感器流量范围的选择对其计精度及使用年限有较大的影响，并且每种口径的流量计都有一定的测量范围，流量计口径的选择也是由流量范围决定的。选择流量范围的原则是：使用时的最小流量不得低于仪表允许测量的最小流量，使用时的最大流量不得高于仪表允许测量的最大流量。

（3）气体的密度。对气体涡轮式流量传感器，流体特性的影响主要是气体密度，它对仪表系数的影响较大，且主要表现在低流量区域。若气体密度变化频繁，要对流量计的流量系数采取修正措施。

（4）压力损失。尽量选用压力损失小的气体涡轮式流量传感器。因为流体通过涡轮式流量传感器的压力损失越小，则流体由输入到输出管道所消耗的能量就越少，即所需的总动力将减少，由此可大大节约能源，降低输送成本，提高利用率。

四、涡轮式流量传感器的检测

检测设备：万用表。

检测步骤：

（1）检查仪表接线。涡轮式流量传感器安装完毕之后，应先查看一下安装盒接线是否有问题，如果发现问题，应及时进行处理，这样才能保证日后的正常使用。

（2）仪表投入运行前，涡轮式流量传感器必须充满实际测量介质，通电后在静止状态下做零点调整。投入运行后亦要根据介质及使用条件定期停流检查零点，尤其对易沉淀、易污染电极及含有固体的非清洁介质，在运行初期应多检查，以获得经验并确定正常检查周期。对有条件的用户，应该在涡轮式流量传感器仪表投入运行前测量和记录涡轮式流量传感器的几个基本参数。这些数据对运行一段时期后涡轮式流量传感器出现故障的原因分析是很有帮助的。

（3）利用万用表检测两电极间的接触电阻，如果两电极的接触电阻变化，表明涡轮式流量传感器电极很可能被污染了。接触电阻变大，可能污染物是绝缘性沉积物；接触电阻变小，可能污染物是导电性的沉积物；两电极接触电阻不对称，表明两电极受污染的程度不一致；电极和励磁线圈的绝缘电阻下降，表明涡轮式流量传感器受潮，当绝缘电阻下降到一定程度，将会影响仪表的正常工作。

五、涡轮式流量传感器在天然气计量电路中的应用

涡轮式流量传感器是一种封闭管道中测量气体介质流量的速度式仪表。由于其具有计量精度高、量程宽、灵敏度高、体积小、易于安装维护、故障低等综合特点，故适用于燃气及其他工业领域中的气体流量的精确测量。目前已广泛应用于油（气）田、化工

部门、城市燃气、天然气工程以及各种无腐蚀性气体的计量，并将成为城市燃气公用计量的理想仪表。

涡轮式流量传感器的原理是：将涡轮置于天然气中，当天然气流经流量计时，涡轮叶片在天然气动能的作用下开始旋转，在涡轮旋转的同时，叶片周期性地切割电磁铁产生的磁力线改变线圈的磁通量。根据电磁感应原理，在线圈内将感应出脉动的电势信号，经前置放大器放大、整形，产生与流速成正比的脉冲信号，脉冲信号经流量积算电路换算后显示累计流量值，同时经频率电流转换成模拟电流量，进而显示瞬时流量值。

流量计算式为

$$Q = \frac{F}{K}$$

式中：Q——流经传感器的流量（L/s 或 m^3/s）；

　　　F——脉冲频率（Hz）；

　　　K——涡轮式流量传感器的仪表系数（1/L 或 $1/m^3$）。

K 是涡轮式流量传感器的重要特性参数，它代表单位体积流量通过涡轮式流量传感器时传感器输出的信号脉冲数。不同的仪表有不同的 K 值，并随仪表长期使用的磨损情况而变化。尽管涡轮式流量传感器的设计尺寸相同，但实际加工出来的涡轮几何参数却不会完全一样，因而每台涡轮式流量传感器的仪表常数 K 也不完全一样。图 6-4 所示为涡轮式流量传感器的原理。

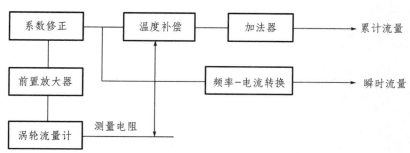

图 6-4　涡轮式流量传感器的原理

图 6-5 所示为涡轮式流量传感器的前置放大电路，它把线圈两端感应出的电脉冲信号放大、整形。

前置放大器由磁电感应转换器与放大整形电路两部分组成，一般线圈感应到的信号较小，需配上前置放大器放大、整形输出幅值较大的电脉冲信号。

图 6-5 中电解电容 C_1 把线圈感应到的高频噪声信号进行过滤，三极管 V_1、V_2 组成两级放大电路，电阻 R_5 和电容 C_2 引出负反馈，以提高仪表的稳定性，具有温度稳定性好、放大系数高、负载能力强等特点。

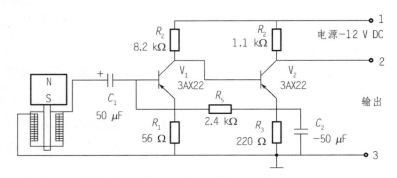

图 6-5　涡轮式流量传感器的前置放大电路

　　由于气体的可压缩性，因此压力、温度的变化将导致气体密度的变化，这会造成同一质量流量下涡轮式流量传感器所显示的体积流量大小不同。因此，在燃气的计量过程中，压力、温度变化时，必须对其进行相应的补偿，以避免计量损失。

　　信号接收与显示器由系数校正器、加法器和频电转换器等组成，其作用是将从前置放大器送来的脉冲信号变换成累计流量和瞬时流量并显示。

任务三　电磁式流量传感器

电磁式流量传感器是 20 世纪 50—60 年代随着电子技术的发展而迅速发展起来的新型流量测量仪表。电磁式流量传感器是应用电磁感应原理，根据导电流体通过外加磁场时感应出的电动势来测量导电流体流量的一种仪器。

电磁式流量传感器根据安装形式不同，可以分为一体式电磁式流量传感器和分体式电磁式流量传感器。一体式往往适用于室内安装，多在环境条件较好的场合下使用；分体式则更多地应用于户外安装、水井下等使用环境恶劣，可能会被水淹没的场合。一体式电磁式流量传感器和分体式电磁式流量传感器分别如图 6-6、图 6-7 所示。

图 6-6　一体式电磁式流量传感器

图 6-7　分体式电磁式流量传感器

一、电磁式流量传感器的结构

以分体式电磁式流量传感器为例，其结构由流量传感器和转换器两大部分组成。测量管上下装有激磁线圈，通激磁电流后产生磁场穿过测量管，一对电极装在测量管内壁与液体相接触，引出感应电势，送到转换器。激磁电流则由转换器提供。图 6-8 所示为传感器的结构。

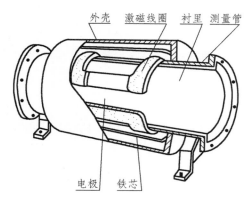

图 6-8　传感器的结构

（1）外壳：应用铁磁材料制成，其作用是保护激磁线圈，隔离外磁场的干扰。

（2）激磁线圈：其作用是产生均匀的直流或交流磁场。

（3）测量管：其作用是让被测导电性液体通过，两端设有法兰，用作连接管道。测量管采用不导磁、低电导率、低热导率并具有一定机械强度的材料制成，一般可选用不锈钢、玻璃钢、铝及其他高强度的材料。

（4）衬里：在测量导管内壁的一层耐磨、耐腐蚀、耐高温的绝缘材料。它能增加测量导管的耐磨性和腐蚀性，防止感应电势被金属测量导管壁短路。

（5）电极：其作用是引出和被测量成正比的感应电势信号。电极一般用非导磁的不锈钢制成，且被要求与衬里齐平，以便流体通过时不受阻碍。

由液体流动产生的感应电势信号十分微弱，受各种干扰因素的影响很大，转换器的作用就是将感应电势信号放大并转换成统一的标准信号，同时抑制主要的干扰信号。

二、电磁式流量传感器的特点

优点：

（1）测量通道是一段光滑直管，不易阻塞，适用于测量含固体颗粒的液固二相流体，如纸浆、泥浆、污水等。

（2）不产生流量检测所造成的压力损失，节能效果好。

（3）所测得体积流量实际上不受流体密度、黏度、温度、压力和电导率变化的明显影响。

（4）流量范围大，口径范围宽。

（5）可应用于腐蚀性流体。

（6）能连续测量，测量精度高。

（7）稳定性好，输出为标准化信号，可方便地进入自控系统。

缺点：

（1）不能测量电导率很低的液体，如石油制品。

（2）不能测量气体、蒸汽和含有较大气泡的液体。

（3）不能用于较高温度的场合。

三、电磁式流量传感器的技术参数

（1）传感器公称通径：管道式四氟衬里：DN10~DN600 mm；管道式橡胶衬里：DN40~DN1 200 mm。

（2）流量测量范围：上限值的流速可在 0.3~15.0 m/s 范围内选定，下限值的流速可为上限值的 1%。

（3）重复性误差：测量值的 ±0.1%。

（4）电流输出：①电流输出信号：双向两路，全隔离 0~10 mA/4~20 mA。②负载电阻：0~10 mA 时，0~1.5 kΩ；4~20 mA 时，0~750 Ω。③基本误差：在上述测量基本误差的基础上加 ±10 μA。

（5）频率输出：正向和反向流量输出，输出频率上限可在 1~5 000 Hz 内设定。带光电隔离的晶体管集电极开路双向输出。

（6）脉冲输出：正向和反向流量输出，输出脉冲上限可达 5 000 cp/s。脉冲当量为 0.000 1~1.000 0 m^3/cp。

（7）流向指示输出：本流量计可测正反方向的流体流动流量，并可以判断出流体流动的方向。规定显示正向流量时输出 +10 V 高电平，反向流体流动输出零伏的低电平。

（8）报警输出：两路带光电隔离的晶体管集电极开路报警输出。报警状态：流体空管、励磁断线、流量超限。

（9）液晶显示：液晶显示如图 6-9 所示。

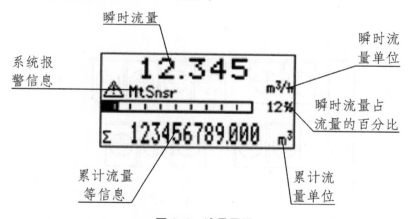

图 6-9　液晶显示

四、电磁式流量传感器的选型

1）根据了解到的被测介质的名称和性质，确定是否采用电磁式流量传感器

电磁式流量传感器只能测量导电液体流量，而气体、油类和绝大多数有机物液体不在一般导电液体之列。

2）根据了解到的被测介质性质，确定电极材料

一般提供不锈钢、哈氏、钛和钽 4 种电极，选用哪种电极应根据介质性质并查相关资料手册确定。

3）根据了解到的介质温度，确定采用橡胶还是四氟内衬

橡胶耐温不超过 80 ℃；四氟耐温 150 ℃，瞬间可耐 180 ℃。城市自来水一般可采用

橡胶内衬和不锈钢电极。

4）根据了解到的介质压力，选择表体法兰规格

电磁法兰规格通常为：当口径由 DN10~DN250 mm 时，法兰额定压力 ≤ 1.6 MPa；当口径由 DN250~DN1 000 mm 时，法兰额定压力 ≤ 1.0 MPa；当介质实际压力高于上述管径—压力对应范围时，为特殊订货，但最高压力不得超过 6.4 MPa。

5）确定介质的电导率

（1）电磁式流量传感器的电导率不得低于 5 $\mu s/cm$。

（2）自来水的电导率约为几十到上百个 $\mu s/cm$，一般锅炉软水（去离子水）导电，纯水（高度蒸馏水）不导电。

（3）气体、油和绝大多数有机物液体的电导率远低于 5 $\mu s/cm$，几乎不导电。

五、电磁式流量传感器的检测

检测设备：500 MΩ 绝缘电阻测试仪一台、万用表一只。

检测步骤：

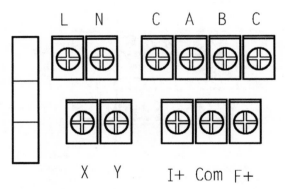

L、N—220 V交流电源；　　　　　　　X、Y—励磁驱动；

I+—4~20 mA输出"+"；　　　　　　　A、B—输入信号；

F+—频率或脉冲输出"+"；　　　　　　C—输入信号公共端

Com—输出信号公共端；

图 6-10　电磁式流量传感器接线

（1）在管道充满介质的情况下，如图 6-10 所示，用万用表测量接线端子 A、B 与 C 之间的电阻值，A–C、B–C 之间的阻值应大致相等。若差异在 1 倍以上，可能是电极出现渗漏、测量管外壁或接线盒内有冷凝水吸附。

（2）在衬里干燥的情况下，用万用表测 A–C、B–C 之间的绝缘电阻（应大于

200 MΩ）；再用万用表测量端子 A、B 与测量管内两个电极的电阻（应呈短路连通状态）。若绝缘电阻很小，说明电极渗漏，应将整套流量计返厂维修。若绝缘电阻有所下降但仍在 50 MΩ 以上，且步骤（1）的检查结果正常，则可能是测量管外壁受潮，可用热风机对测量管外壁进行烘干。

（3）用万用表测量 X、Y 之间的电阻，若超过 200 Ω，则励磁线圈及其引出线可能开路或接触不良，应拆下端子板检查。

（4）检查 X、Y 与 C 之间的绝缘电阻，应在 200 MΩ 以上，若有所下降，用热风机对外壳内部进行烘干处理。实际运行时，线圈绝缘性下降将导致测量误差增大、仪表输出信号不稳定。

六、电磁式流量传感器在自来水厂水量监控电路中的应用

随着国内供水行业自动化技术水平的不断提高以及贸易结算计量的要求，电磁式流量传感器得到了越来越普遍的应用和推广，特别是在供水行业中，电磁式流量传感器的应用已经得到了广泛认可。

电磁式流量传感器的工作原理如图 6-11 所示，是基于法拉第电磁感应定律工作的。在电磁式流量传感器中，测量管内的导电介质相当于法拉第试验中的导电金属杆，两端的两个电磁线圈产生恒定磁场。当有导电介质流过时，则会产生感应电压。管道内部的两个电极测量产生的感应电压，测量管道通过不导电的内衬实现与流体和测量电极的电磁隔离。

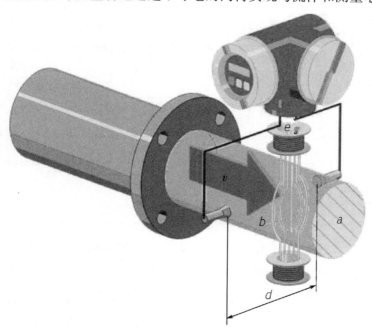

图 6-11 电磁式流量传感器的工作原理

导电液体在磁场中做切割磁力线的运动时，在垂直于流速和磁场的方向上就会产生感应电动势，其计算公式为

$$E = BDv$$

式中：B——磁感应强度（T）；

D——电极间距（m）；

v——流体平均流速（m/s）。

流量为

$$Q = \frac{\pi}{4}D^2v$$

式中：Q——流量（m3/s）；

D——电极间距（m）；

v——流体平均流速（m/s）。

得出

$$Q = \frac{\pi D}{4B}E$$

对于同一台流量计，D、π、B均是固定值，所以流量Q（或流速v）与感应电动势E的大小成正比，经过处理运算后进行瞬时流量和累计流量的计量。

图6-12所示为电磁式流量传感器的测量电路，试分析其工作原理。

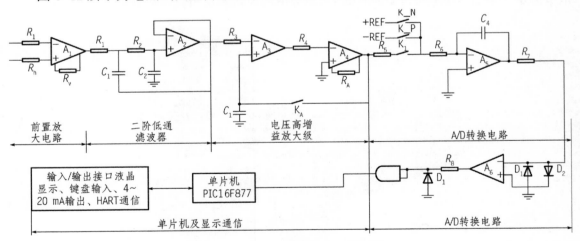

图6-12　电磁式流量传感器的测量电路

由于电磁式流量传感器的电极输出信号非常微弱，一般只有0~10 mV，而且工业环境干扰非常大。因此，为了保证测量精度，送入A/D转换电路的输入信号应达到–215~+215 V，其模拟部分电压增益应该在60 dB以上。其中，前置放大器采用差分输入方式，高通滤波和低通滤波采用二阶有源滤波器形成带通滤波器滤除工频干扰及杂波，放大器采用运

放 LM358 完成。A/D 转换单元实现模数转换，与单片机相连。输入输出接口采用液晶显示，并可以输出 4~20 mA 标准信号，既可以就地显示也可以远传实现 HART 通信，从而实现自来水厂水量的监控。

任务四　流量传感器技能实训

空气流量传感器的功能是检测发动机进气量的大小，并将进气量信息转换成电信号输入电单元（ECU），以供 ECU 计算确定喷油时间（即喷油量）和点火时间。进气量信号是控制单元计算喷油时间和点火时间的主要依据。

1. 实训目的和要求

（1）掌握空气流量传感器的结构特性，了解其工作原理。

（2）掌握空气流量传感器及其控制电路的捡的方法（电阻检测、电压检测、波形检测等）。

（3）掌握空气流量技术分析的方法。

2. 实训课时

实训共安排 2 课时

3. 实训工具

（1）工具：扳手、螺丝刀、电吹风、温度计。

（2）设备：桑塔纳 AJR 发动机故障试验台。

（3）仪器：数字万用表、故障诊断仪。

（4）教具：AJR 发动机教学挂图一套，空气流量计解剖教具一只，测量用桑塔纳 2000GSi 型轿车空气流量计 5 只。

单元练习

一、填空题

1. 涡轮式流量传感器主要由_____、_____、_____、_____、_____和_____等部分组成。

2. 电磁式流量传感器根据安装形式不同，可以分为_____和_____。

二、选择题

1. 检测液体时一般采用（　　）材料把流体动能转换成机械能。

A. 高导磁性　　　　　　B. 铝合金　　　　　　C. 黑色金属　　　　　　D. 塑料

2. 涡轮式流量传感器的选用以下不正确的是（　　）。

A. 选用涡轮式流量传感器要具有较高的精度

B. 涡轮式流量传感器要有一定的流量范围

C. 尽量选用压力损失小的气体涡轮式流量传感器

D. 电涡流式传感器只测量静态量，不能测量动态量

三、问答题

1. 简述流量传感器的原理。

2. 涡轮式流量传感器有哪些特点？

3. 怎样选择电磁式流量传感器？

项目七　霍尔传感器

学习目标

1. 掌握霍尔传感器的应用场合和应用方法。
2. 掌握霍尔传感器的工作原理。
3. 掌握霍尔传感器测量电路的工作原理。

任务一　霍尔传感器的组成

霍尔传感器又称为霍尔传感器。它是根据霍尔效应制作的一种磁场传感器，广泛应用于工业自动化技术、检测技术及信息处理等方面。霍尔传感器的组成如图 7-1 所示。

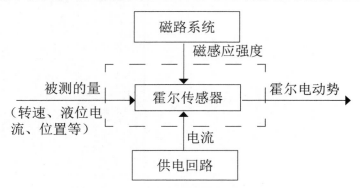

图 7-1　霍尔传感器的组成

利用半导体材料的霍尔效应，以磁路系统作为媒介，将转速、液位、流量、位置等物理量所引起的磁感应强度的变化转换为霍尔电动势 U_{EH} 输出，或者在磁场一定的情况下，被测的量引起的电流的变化转换为霍尔电动势输出。

通过霍尔传感器组成分电器来了解霍尔传感器的组成，如图 7-2 所示。在这里敏感元件和转换元件合为一体，成为霍尔传感器。

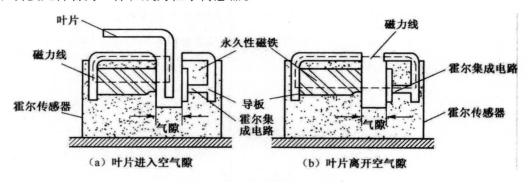

图 7-2　分电器中的霍尔传感器

任务二　霍尔传感器的结构及工作原理

一、霍尔传感器的结构及工作原理

半导体薄片置于磁感应强度为 B 的磁场中，磁场方向垂直于薄片，当有电流 I 流过薄片时，在垂直于电流和磁场的方向上将产生电动势 E_H，这种现象称为霍尔效应。图 7-3 所示为磁感应强度 $B=0$ 时的情况。

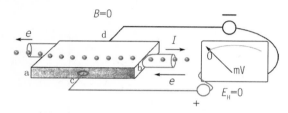

图 7-3　磁感应强度 $B=0$ 时的情况

作用在半导体薄片上的磁场强度 B 越强，霍尔电势就越高，如图 7-4 所示。霍尔电势 E_H 可用下式表示为

$$E_H = K_H I B$$

式中：E_H——霍尔电势（V）；

K_H——霍尔常数［mV/（mA·T）］；

I——控制电流（A）；

B——磁场强度（T）。

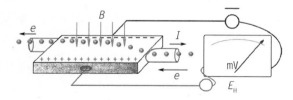

图 7-4　磁感应强度 B 较大时的情况

当磁场垂直于薄片时，电子受到洛伦兹力的作用，向内侧（d 侧）偏移，在半导体薄片 c、d 方向的端面之间建立起霍尔电势。图 7-5 所示为霍尔效应演示。

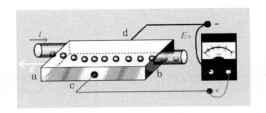

图 7-4　霍尔效应演示

二、霍尔传感器的主要外特性参数

1. 最大磁感应强度 B_M

图 7-5 所示为霍尔传感器磁感应强度的线性区域。

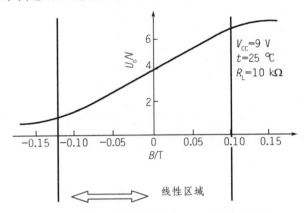

图 7-5　霍尔传感器磁感应强度的线性区域

2. 最大激励电流 I_M

由于霍尔电势随激励电流增大而增大，故在应用中总希望选用较大的激励电流。但激励电流增大，霍尔传感器的功耗增大，元件的温度升高，从而引起霍尔电势的温漂增大，因此每种型号的元件均规定了相应的最大激励电流，其数值从几毫安至十几毫安不等。

任务三　霍尔传感器的测量电路

一、基本应用电路

霍尔传感器的基本应用电路如图 7–7 所示。由电源 E 供给霍尔传感器输入端（a、b）控制电流 I_c，调节 R_w 可控制电流 I_c 的大小；霍尔传感器的输出端（c、d）接负载电阻 R_L，R_L 可以是放大器的输入电阻或测量仪表的内阻。薄片垂直方向通以磁场（B）。

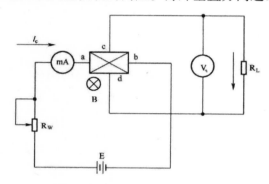

图 7–7　霍尔传感器的基本应用电路

霍尔集成电路可分为线性型和开关型两大类。

图 7–8　线性型霍尔器件

（1）线性型霍尔集成电路是将霍尔传感器和恒流源、线性差动放大器等做在一个芯片上，输出电压为伏级，比直接使用霍尔传感器方便得多。较典型的线性型霍尔器件包括 UGN3501 等，如图 7–8 所示。

（2）开关型霍尔集成电路是将霍尔传感器、稳压电路、放大器、施密特触发器、OC 门（集电极开路输出门）等电路做在同一个芯片上，当外加磁场强度超过规定的工作点时，OC 门由高阻态变为导通状态，输出低电平；当外加磁场强度低于释放点时，OC 门重新变为高阻态，输出高电平。较典型的开关型霍尔器件包括 UGN3020 等，开关型霍尔集成电路的外形及内部电路如图 7-9 所示。

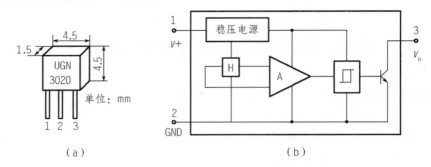

（a）　　　　　　　　　　　（b）

图 7-9　开关型霍尔集成电路的外形及内部电路
（a）外观；（b）内部电路

二、霍尔集成电路

霍尔集成电路是霍尔传感器与集成运放电路一体化的结构，是一种传感器模块。霍尔集成电路分为线性输出型和开关输出型两大类。利用集成电路工艺技术将霍尔传感器、放大器、温度补偿电路和稳压电路集成在同一块芯片上即可形成霍尔集成电路，它具有灵敏度高、传输过程无抖动，功耗低、寿命长、工作频率高、无触点、无磨损、无火花等特点，能在各种恶劣环境下可靠、稳定地工作。

1. 线性型霍尔集成电路

线性型霍尔集成电路的输出电压与外加磁场强度在一定范围内呈线性关系。它有单端输出和双端输出（差动输出）两种电路，其内部结构如图 7-10 所示。线性型霍尔集成电路的输出电压较高，使用非常方便，已得到广泛地应用，可用于无触点电位器、非接触测距、无刷直流电机、磁场测量的高斯计、磁力探伤等方面。

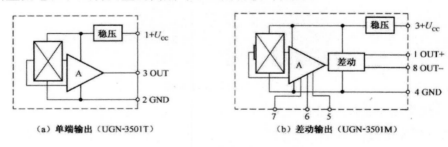

（a）单端输出（UGN-3501T）　　　（b）差动输出（UGN-3501M）

图 7-10　线性型霍尔集成电路

以 UGN-3501 为典型的单端输出集成霍尔传感器，是一种扁平塑料封装的三端元件，引脚 1（U_{CC}）、2（GND）、3（OUT），有 T、U 两种型号，其区别仅是厚度不同。T 型厚度为 2.03 mm，U 型厚度为 1.45 mm。典型的双端输出集成霍尔传感器型号为 UGN-3501M，8 脚 DIP 封装，引脚 1 和 8（差动输出），2（空），3（U_{cc}），4（GND），5、6、7 间外接一调零电位器。

2. 开关型霍尔集成电路

开关型霍尔集成电路输出的是高电平或低电平的数字信号，这种集成电路一般由霍尔传感器、稳压电路、差分放大器、施密特触发器（整形）以及 OC 门电路等部分组成。与线性型霍尔传感器的不同之处是增设了施密特触发器电路，施密特触发器通过三极管的集电极输出。当外加磁感应强度超过规定的工作点时，OC 门由高阻态变为导通状态，输出变为低电平；当外加磁感应强度低于释放点时，OC 门重新变为高阻态，输出高电平。较典型的开关型霍尔集成电路，如 UGN-3020,其内部框图如图 7-11 所示。

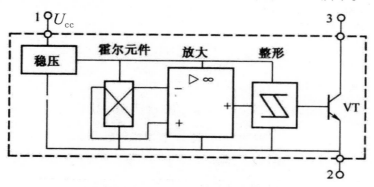

图 7-11　UGN-3020 内部框图

任务四　霍尔传感器的应用

霍尔电势是关于 I、B、θ 三个变量的函数，即 $E_H=K_H IB\cos\theta$。

利用这个关系可以使其中两个量不变，将第三个量作为变量，或者固定其中一个量，其余两个量都作为变量。这使得霍尔传感器有多种用途。

霍尔传感器主要用于测量能够转换为磁场变化的其他物理量，如图 7-12、图 7-13 和图 7-14 所示。

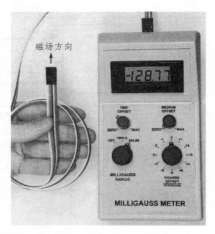

图 7-12　测量磁场方向的霍尔高斯计

图 7-13　测量磁场强度的霍尔高斯计

图 7-14　霍尔传感器用于测量磁场强度

一、霍尔转速表

在被测转速的转轴上安装一个齿盘，也可选取机械系统中的一个齿轮，将线性型霍尔器件及磁路系统靠近齿盘。齿盘的转动使磁路的磁阻随气隙的改变而周期性地变化，霍尔器件输出的微小脉冲信号经隔直、放大、整形后可以确定被测物的转速。霍尔转速表的原理如图 7-15 所示。

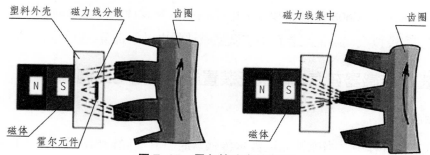

图 7-15　霍尔转速表的原理

当轮齿对准霍尔传感器时，磁力线集中穿过霍尔传感器，可产生较大的霍尔电势，放大、整形后输出高电平；反之，当齿轮的空挡对准霍尔传感器时，将输出低电平。

若汽车在刹车时车轮被抱死，将产生危险，用霍尔转速传感器来检测和保持车轮的转动，有助于控制刹车时力的大小和防止侧偏。霍尔转速传感器在汽车防抱死装置（ABS）中的应用如图 7-16 所示。

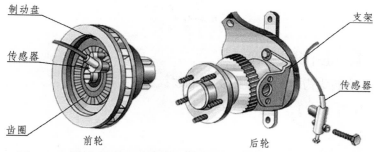

图 7-16　霍尔转速传感器在汽车防抱死装置（ABS）中的应用

二、霍尔传感器在汽车防抱死装置中的应用电路制作

霍尔传感器在汽车防抱死装置中的应用电路可用万能电路板制作，也可用面包板或模块制作。

图 7-17 所示为霍尔传感器在汽车防抱死装置中的应用电路。

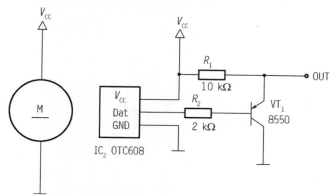

图 7-17　霍尔传感器在汽车防抱死装置中的应用电路

按图 7-12 将电路焊接在试验板上，认真检查电路，正确无误后接好霍尔传感器和电压表头。前端部分 OTC608 传感器和放大电路按照常规设计即可。电动机部分焊接一个带磁铁的旋转头，模拟汽车防抱死装置中带微型磁铁的电动机部分，以便测量电动机的转速。

三、霍尔传感器在汽车防抱死装置中的应用电路调试

1. 工作原理

电动机运转过程中，当磁铁靠近霍尔传感器时，其 2 脚输出高电平，VT_1 截止，输出端 OUT 输出高电平；当磁铁离开霍尔传感器时，2 脚输出低电平，VT_1 导通，输出端 OUT 输出低电平。这样就形成一组脉冲串，该脉冲串被送入计数器等装置进行技术分析后，便可以通过记录脉冲数量来获取电动机的转数。

2. 调试方法和步骤

记录一段时间内，霍尔传感器输出高低电平脉冲串，通过公式计算出电动机的转速。

$$n = 60 \frac{f}{n_0}$$

式中：n——输出电平脉冲数；

n_0——旋转头齿轮安装磁铁块的个数；

f——频率（Hz）。

任务五 霍尔传感器技能实训

霍尔传感器的质量检测如下。

1. 材料及仪器

（1）霍尔传感器 UGN 3501T 1 个。

（2）模拟万用表 1 台。

（3）长方形磁铁 1 块。

（4）直流稳压电源 1 个。

（5）导线若干。

2. 步骤

霍尔传感器 UGN-3501T 测试电路如图 7-15 所示。图 7-18（a）所示为 UGN-3501T 的管脚排列，按照图 7-18（b）所示连接电路，将万用表置于直流电压 50V 挡，红表笔接 ①脚，黑表笔接 3 脚，观察万用表的指针变化。

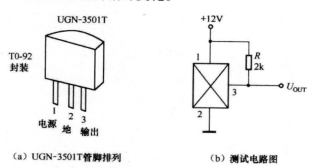

（a）UGN-3501T管脚排列　　　　（b）测试电路图

图 7-15　霍尔传感器 UGN-3501T 测试电路

当用磁铁 N 极逐渐接近传感器的敏感面时，万用表的指针由高电平向低电平偏转；当磁铁的 N 极远离传感器的敏感面时，万用表指针由低电平向高电平偏转。如果磁铁 N 极接近或远离传感器敏感面时万用表的指针均不偏转，则说明该传感器已损坏。

测试时请注意：霍尔传感器有型号标记的一面为敏感面，应正对永久磁铁的相应磁极，否则传感器的灵敏度会大大降低，甚至可能不工作。

单元练习

一、填空题

1. 霍尔传感器主要由_____材料制成，_____不适合用来制作霍尔传感器。

2. 霍尔传感器是利用（ ）效应来进行测量的。通过该效应可测量_____的变化、_____的变化。

3. 常见的霍尔集成电路有_____型和_____型。

二、选择题

1. 下列物理量中可以用霍尔传感器来测量的是（ ）。

A. 位移量　　　　　B. 湿度　　　　　C. 烟雾浓度

2. 霍尔电动势与（ ）。

A. 激励电流成正比

B. 激励电流成反比

C. 磁感应强度成反比

三、问答题

1. 什么是霍尔效应？

2. 简述霍尔传感器的工作原理。

3. 何谓霍尔集成电路？常见的有哪些？各用于哪些方面？

项目八　气敏传感器的应用

学习目标

1. 掌握气敏传感器性能检测方法。
2. 了解传感器选用原则。
3. 掌握气敏传感器的工作原理。

任务一　气敏传感器简介

气敏传感器是一种将检测到的气体成分和浓度转换为电信号的传感器。

气敏传感器可用于对气体的定性或定量检测。气敏材料与气体接触后会发生化学或物理相互作用，导致材料某些特性参数的改变，包括质量、电参数、光学参数等。气敏传感器利用这些材料作为气敏元件，把被测气体种类或浓度的变化转化成传感器输出信号的变化，从而实现气体检测目的。

气敏传感器是暴露在各种成分的气体中使用的，由于检测现场温度、湿度的变化很大，又存在大量粉尘和油雾等，所以其工作条件较恶劣，而且气体对传感元件的材料会产生化学反应物，附着在元件表面，往往会使其性能变差。因此，对气敏元件的要求是能长期稳定工作、重复性好、响应速度快、共存物质产生的影响小等。

在现代社会的生产和生活中，会接触到各种各样的气体，需要进行检测和控制。比如，化工生产中气体成分的检测与控制；煤矿瓦斯浓度的检测与报警；环境污染情况的监测；煤气泄漏；火灾报警；燃烧情况的检测与控制等。各场合检测气体情况分类如表 8-1 所示。

表 8-1　各场合检测气体情况分类

分类	检测对象气体	应用场所
爆炸性气体	液化石油气、城市用煤气、甲烷、可燃性煤气	家庭、煤矿
有毒气体	一氧化碳（不完全燃烧的煤气）、硫化氢、含硫的有机化合物、卤素、卤化物、氨气等	煤气灶、特殊场所
环境气体	氧气（防止缺氧）、二氧化碳（防止缺氧）、水蒸气（调节温度，防止结露）、大气污染（SOX，NOX 等）	家庭、办公室、电子设备、汽车、温室
工业气体	氧气（控制燃烧，调节空气燃料比）、一氧化碳（防止不完全燃烧）、水蒸气（食品加工）	发电机、锅炉、电炊灶
其他	呼出气体中的酒精、烟等	

因为气敏传感器不是单独一种传感器，而是一个大类的传感器，优点和缺点并没有共性，所以将在文中进行具体的分析。

任务二 气敏传感器的结构及工作原理

一、气敏传感器的结构

由于被测气体的种类繁多，性质各不相同，不可能用一种传感器来检测所有气体，所以气敏传感器的种类也有很多。近年来，随着半导体材料和加工技术的迅速发展，实际应用最多的是半导体气敏传感器，半导体气敏传感器按照半导体与气体的相互作用是在表面还是在内部可分为表面控制型和体控制型两类；按照半导体变化的物理性质又可分为电阻型和非电阻型。半导体电阻式气敏传感器具有灵敏度高、体积小、价格低、使用及维修方便等特点，因此被广泛使用。各种半导体气敏传感器的性能比较如表 8-2 所示

表 8-2 半导体气敏传感器分类表

	主要物理特性	类型	检测气体	气敏元件
电阻型	电阻	表面控制型	可燃性气体	SnO_2、ZnO 等的烧结体、薄膜、厚膜
		体控制型	酒精、可燃性气体、氧气	氧化镁、SnO_2、氧化钛（烧结体）、$T-FeO_2$
非电阻型	二极管整流特性	表面控制型	氢气、一氧化碳、酒精	铂—硫化镉、铂—氧化钛（技术—半导体烧结型号二极管）
	晶体管特性		氢气、硫化氢	铂栅、钯栅 MOS 场效应管

优点：成本低，反应快，灵敏度高，湿度影响小。

缺点：必须高温工作，对气体选择性差。

半导体气敏传感器一般由三部分组成：敏感元件、加热器和外壳。按其制造工艺来分，有烧结型、薄膜型和厚膜型三种。

二、气敏传感器的工作原理

气敏传感器是一种利用被测气体与气敏元件发生的化学反应或物理效应等机理，把被测气体的种类或浓度的变化转化成气敏元件输出的电压或电流的一种传感器，它主要包括半导体气敏传感器、接触燃烧式气敏传感器和电化学气敏传感器等，其中用的最多的是半导体气敏传感器。半导体电阻式气敏传感器则是利用气体吸附在半导体上而使半导体的电阻值随着可燃气体浓度的变化而变化的特性来实现对气体的种类和浓度的判断。

半导体电阻式气敏传感器（以下所介绍的均为此类传感器）的核心部分是金属氧化物，主要有 SnO_2、ZnO 及 Fe_2O_3 等。当周围环境达到一定温度时，金属氧化物能吸附空气中的氧，形成氧的负离子吸附，使半导体材料中电子的密度减小，电阻值增大。当遇到可燃性气体或毒气时，原来吸附的氧就会脱附，而可燃性气体或毒气以正离子状态吸附在半导体材料的表面，在脱附和吸附过程中均放出电子，使电子密度增大，从而使电阻值减小。

为了提高气敏传感器对某些气体成分的选择性和灵敏度，半导体材料中还掺入催化剂，如钯（Pd）、铂（Pt）、银（Ag）等，添加的物质不同，能检测的气体也不同。

任务三 气敏传感器的测量电路

一、基本测量电路

图 8-1 所示为气敏传感器的基本测量电路，图 8-1（a）所示为基本测量电路，它包括加热回路和测试回路，如图 8-1（b）所不为气敏传感器的电气符号。

在常温下，传感器的电导率变化不大，达不到检测目的，因此在器件中配上加热丝，使气敏传感器工作在高温状态（200~450℃），加速被测气体的吸附和氧化还原反应，以提高灵敏度和响应速度；同时，通过加热还可以烧去附着在壳面上的油雾和尘埃。

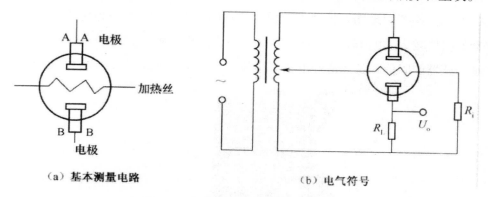

（a）基本测量电路　　　　　　　　（b）电气符号

图 8-1　气敏传感器的基本测量电路

二、温度补偿电路

气敏传感器在气体中的电阻值与温度和湿度有关。当温度和湿度较低时，气敏传感器的电阻值较大；温度和湿度较高时，气敏传感器的电阻值较小。因此，即使气体浓度相同，电阻值也会不同，需要进行温度补偿。

常用的温度补偿电路如图 8-2 所示。在比较器 IC 的反相输入端接入负温度系数的热敏电阻 R_T。当温度降低时，气敏传感器 AF30L 的电阻值变大，使得 $U+$ 变小，而此时 R_T 的阻值增大，使比较器的基准电压 $U-$ 也变小；当温度升高时，气敏传感器的电阻值变小，在 $U+$ 变大的同时，R_T 的阻值减小，使比较器的基准电压 $U+$ 增大，从而达到温度补偿的目的。

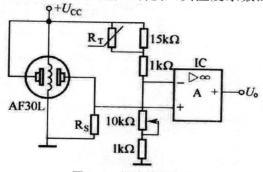

图 8-2　温度补偿电路

任务四　气敏传感器的应用

一、简易家用天然气报警器

目前，家用天然气灶和天然气热水器的应用十分普遍。天然气的主要成分是甲烷（C_{H4}），若天然气灶或天然气热水器漏气，轻则影响人的健康，重则对人身安全和财产造成损害（甲烷浓度达到 4% ~ 16% 时会爆炸）。因此，安装天然气报警器，放置在家中容易漏气的地方，对空气中的天然气进行监控和报警是非常有意义和有价值的。

采用天然气报警器如图 8-3 所示。其中，图 8-3（a）所示为该报警器的实物图，图 8-3（b）所示为检测原理图。接通电源后，若室内空气中的天然气的浓度低于 1% 时，气敏传感器的阻值较大，电流较小，蜂鸣器 BZ 不发声；当室内空气中的天然气的浓度高于 1% 时，气敏传感器的阻值降低，流经电路的电流变大，可直接驱动蜂鸣器 BZ 发声报警。

（a）实物图

烟雾入口

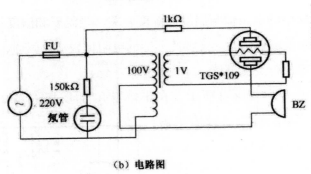

（b）电路图

图 8-3　家用天然气报警器

二、酒精测试仪

交通部门为了预防司机酒后驾驶，在道路上常采用酒精测试仪测试司机有无饮酒，司机只要对准酒精测试仪呼一口气，根据 LED 亮的数目多少就可知道是否喝酒，并大致了解饮酒的多少。酒精测试仪如图 8-4 所示。其中，图 8-4（a）所示为酒精测试仪的实物图，图 8-4（b）所示为酒精测试仪的电路图。

在图 8-4（b）中，集成电路 1C 为显示驱动器，它共有 10 个输出端，每一个输出端可以驱动一个发光二极管。当气体传感器探测不到酒精时，加在显示推动器 IC 的 5 管脚的电平为低电平；当气体传感器探测到酒精时，其内阻变低，从而使 1C 的 5 管脚的电平变高，显示驱动器 1C 根据第 5 脚的电平高低来确定依次点亮发光二极管的级数，酒精含量越高则点亮二极管的个数越多。上面 5 个发光二极管为红色，表示超过安全水平。下面 5 个发光二极管为绿色，代表安全水平，表示酒精的含量不超过 0.05%。

（a）酒精测试仪的实物图

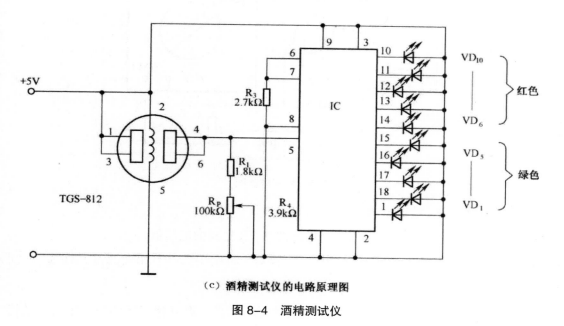

（c）酒精测试仪的电路原理图

图 8-4　酒精测试仪

任务五 气敏传感器的技能实训

一、气敏传感器的特性测试

1.材料及仪器

（1）MQ-3型气敏传感器1个。

（2）数字万用表1块。

（3）直流稳压电源1台。

（4）盛有酒精的小瓶1个。

2.测试步骤

（1）按照如图8-5所示的电路连接检测电路。

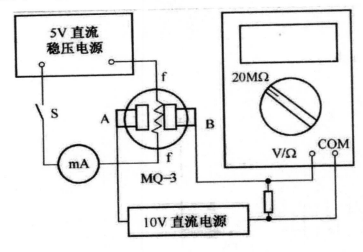

图8-5 检测电路图

（2）闭合开关S，接通电源，预热5 min。

（3）电路稳定后，用数字万用表测量元件A、B之间的电压值。

（4）将内盛酒精的小瓶瓶口靠近气敏传感器，再次用数字万用表测量元件A、B间的电压值。

（5）不断移动小瓶，比较在洁净空气的情况下和在含有酒精气体的空气中，气敏传感器的电压值（对应的电阻值）的差值是否明显。

注意：以上实验可以重复进行，但需注意使空气恢复到洁净状态。

二、气敏传感器的选用原则

气敏传感器种类较多，使用范围较广，其性能差异大，在工程应用中，应根据具体的使用场合、要求进行合理选择。

1. 使用场合

气体检测主要分为工业和民用两种情况，不管是哪一种场合，气体检测的主要目的是为了实现安全生产，保护生命和财产安全。就其应用目的而言，主要有 3 个方面：测毒、测爆和其他检测。测毒主要是检测有毒气体的浓度是否超标，以免工作人员中毒；测爆则是检测可燃气体的含量，超标则报警，避免发生爆炸事故；其他检测主要是为了避免间接伤害，如检测司机体内的酒精浓度。

因每一种气敏传感器对不同的气体敏感程度不同，只能对某些气体实现更好的检测，在实际应用中，应根据检测的气体不同选择不同的传感器。

2. 使用寿命

不同气敏传感器因其制造工艺不同，其寿命不尽相同，针对不同的使用场合和检测对象，应选择相对应的传感器。如一些安装不太方便的场所，应选择使用寿命比较长的传感器。光离子传感器的寿命为 4 年左右，电化学特定气体传感器的寿命为 1 ~ 2 年，电化学传感器的寿命取决于电解液的多少和有无，氧气传感器的寿命为 1 年左右。

3. 灵敏度与价格

灵敏度反映了传感器对被测对象的敏感程度，一般来说，灵敏度高的气敏传感器其价格也高，在具体使用中要均衡考虑。在价格适中的情况下，尽可能地选用灵敏度高的气敏传感器。

单元练习

一、填空题

1.气敏传感器是一种对_____敏感的传感器。

2.气敏传感器将_____等变化转换成电阻值的变化,最终以_____形式输出。

3.气敏传感器接触气体时,由于在其表面_____,致使其电阻值发生明显变化。

4.气敏传感器内的_____使气敏传感器工作在高温状态,加速_____和氧化_____,以提高_____和_____;同时通过加热还可以使附着在壳面上的油雾、尘埃烧掉。

5.气敏电阻元件的基本测量电路中有两个电源,一个是_____,用来_____,一个是_____,用来_____。

6.气敏电阻接触被测气体时,产生的吸附使_____发生变化,使半导体中的_____变化,使气敏传感器的_____变化,从而感知被测气体。

7.气敏传感器的电阻值与_____和_____有关,因此需要进行_____,以消除它们的影响。

二、选择题

1.气敏传感器使用( )材料。

A.金属　　　　 B.半导体　　　　 C.绝缘体

2.判断气体具体浓度大小的传感器是( )。

A.电容传感器

B.气敏传感器

C.超声波传感器

三、问答题

1.什么是气敏传感器?简述其用途。

2.为什么气敏传感器使用的时候需要加热?

3.为什么要对气敏传感器要进行温度补偿?

项目九　湿度传感器

学习目标

1. 了解湿度传感器的应用。
2. 掌握湿度传感器的工作原理。

任务一　湿度传感器概念及构成

一、湿度传感器简介

湿度传感器（又称湿敏传感器）是能够感受外界湿度变化，并通过器件材料的物理或化学性质变化，将湿度转化成有用信号的器件。

湿度检测较之其他物理量的检测显得困难，这首先是因为空气中水蒸气含量要比空气少得多；另外，液态水会使一些高分子材料和电解质材料溶解，一部分水分子电离后与溶入水中杂质结合成酸或碱，使湿敏材料不同程度地受到腐蚀和老化，从而丧失其原有的性质；再者，湿度信息的传递必须靠水对湿敏器件直接接触来完成，因此湿敏器件只能直接暴露于待测环境中，不能密封。

通常，对湿敏器件有下列要求：在各种气体环境下稳定性好，响应时间短，寿命长，有互换性，耐污染和受温度影响小等。微型化、集成化及廉价是湿敏器件的发展方向。

湿度传感器在精密仪器、半导体集成电路与元器件制造场所，气象预报、医疗卫生、食品加工等行业都有广泛的应用。

二、湿度传感器的构成

湿度是指大气中水蒸气的含量，通常采用绝对湿度和相对湿度两种方法表示。绝对湿度是指单位空间中所含水蒸气的绝对量或者浓度、密度；相对湿度是指被测气体中水蒸气气压和该气体在相同温度下饱和水蒸气气压的百分比。相对湿度给出大气的潮湿程度，是一个无量纲的量，在实际应用中多使用相对湿度这一概念。湿度传感器是基于能产生与湿度有关的物理效应或化学反应的某些材料对湿度非常敏感，能将空气中湿度的变化转换成某种电量的变化的原理进行的测量。湿度传感器的组成如图9-1所示。

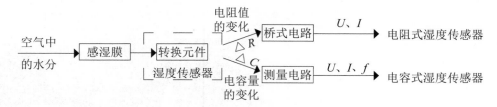

图9-1　温度穿管器的组成

任务二　湿度传感器工作原理及类型

一、电阻式湿度传感器

电阻式湿度传感器（又称为湿敏电阻）的工作原理，如图 9-2 所示。在基片上覆盖一层感湿材料制成感湿膜，当空气中的水蒸气吸附在感湿膜上时，基片的电阻率和电阻值都发生变化，电阻式湿度传感器利用这种特性测量湿度。

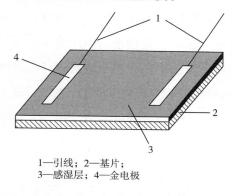

1—引线；2—基片；
3—感湿层；4—金电极

图 9-2　湿敏电阻结构示意图

二、电容式湿度传感器（又称为湿敏电容）

在电容平行板上、下电极中间加一层感湿膜，便构成了电容式湿度传感器，电极材料采用铝、金、铬等金属，而感湿膜可用半导体氧化物或者高分子材料等制成。

图 9-5 所示为高分子材料制成感湿膜的电容式湿度传感器。在单晶硅的上面覆盖一层 SiO_2 绝缘膜，单晶硅的下面镀一层铝，成为电容的一个电极；绝缘膜的上面分别覆盖一层高分子感湿膜和多孔金材料，多孔金材料和镀在它上部的铝材料构成电容的另外一个电极。空气中的水分子透过多孔金电极被感湿膜吸附，使得两电极间的介电常数发生变化，其电容量也发生变化，环境湿度越大，感湿膜吸附的水分子就越多，使湿度传感器的电容量增加得越多，根据电容量的变化就可测得空气的相对湿度。

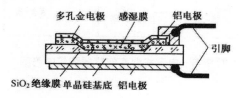

图 9-3　湿敏电容传感器的工作原理

任务三　湿度传感器的测量电路

一、电阻式湿度传感器的测量电路

电阻式湿度传感器中使用最多的是氯化锂（LiCl）湿度传感器。需要注意的是，氯化锂湿度传感器在实际应用中一定要使用交流电桥测量其阻值，不允许用直流电源，以防氯化锂溶液发生电解，导致传感器性能劣化甚至失效。

电阻式湿度传感器电路原理框图如图9-4所示。振荡器为电路提供交流电源。电桥的一臂为湿度传感器，当湿度不变化时，电桥输出电压为零，一旦湿度发生变化，将引起湿度传感器的电阻值变化，使电桥失去平衡，输出端有电压信号输出。放大器将输出电压信号放大后，通过桥式整流电路将交流电压转换为直流电压，送至直流电压表显示，电压的大小直接反应出湿度的变化量。

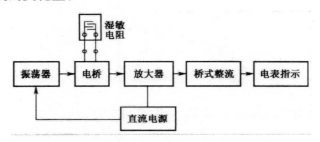

图9-4　电阻式湿度传感器的测量电路图

二、电容式湿度传感器的测量电路

由于电容式湿度传感器的湿度与电容成线性关系，因此它能方便地将湿度的变化转换为电压、电流或频率信号输出。

将湿敏电容作为振荡器中的振荡电容，湿度的变化使得振荡器的频率发生变化，通过测量振荡器的频率和幅度，使之换算成湿度值，如图9-5所示。

图9-5　电容式湿度传感器测量电路图

任务四 湿度传感器的应用

湿度传感器被广泛应用于气象、军事、工业（特别是纺织、电子、食品、烟草工业）、农业、医疗、建筑、家用电器及日常生活等需要湿度监测、控制与报警的各种场合。

一、汽车后窗玻璃的自动除湿装置

遇到天气冷时，汽车后窗玻璃极有可能结露或结霜，为保证驾驶员在驾驶过程中视线清晰，避免事故发生，汽车大多安装了自动除湿装置，如图 9-8 所示。由 VT_1 和 VT_2 组成施密特触发电路，VT_1 的基极接有 R_1、R_2 和湿度传感器 R_H 组成的偏置电路。在常温常湿条件下，R_H 值较大，VT_1 处于导通状态，VT_2 处于截止状态，继电器 K 不工作，加热电阻 R_1 上无电流通过；当汽车内外温差较大，且湿度过大时，湿度传感器 R_H 的阻值将减小，VT_1 处于截止状态，VT_2 翻转为导通状态，继电器 K 工作，常开触点心闭合，指示灯 L_H 点亮，加热电阻 R_1 开始加热，后窗玻璃上的潮气就被驱散；当湿度减小到一定的程度时，VT_1 和 VT_2 恢复初始状态，指示灯熄灭，加热电阻丝断电，停止加热，从而实现了自动除湿的目的。

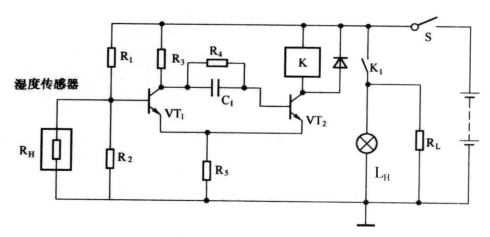

图 9-6 汽车后窗玻璃的自动除湿装置

二、土壤湿度传感器

土壤湿度是决定庄稼生长和产量的重要因素之一，对研究酸化和污染的环境也起着重要的作用。土壤湿度传感器如图 9-7 所示。传感器带有插头和一根 5 m 长的电缆，可以与土壤湿度表连接，如图 9-7（a）所示，土壤湿度表可以直接在现场读取体积土壤湿度，如图 9-7（b）所示；如果要多次测量，则可通过线缆连接数据记录器，如图 9-7（c）所示。数据记录器有几个接口，就可以连接几个传感器。

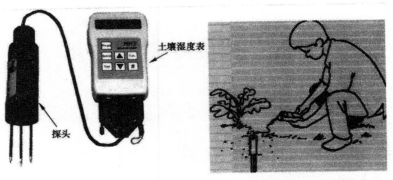

（a）连接土壤湿度表　　　　　　　（b）使用土壤湿度表对传感器读数

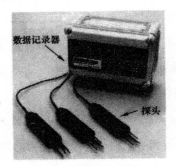

（c）连接数据记录器

图 9-7　土壤湿度传感器

任务五　湿度传感器的技能实训

湿度传感器特性的检测如下。

1. 材料及仪器

（1）电桥模块 1 个。

（2）测试电路套件 1 套。

（3）湿敏电阻 1 只。

（4）数字万用表 1 台。

（5）直流稳压电源 1 台。

2. 检测步骤

湿敏电阻的特性检测图如图 9-8 所示。

（1）湿敏电阻的实物图如图 9-8（a）所示，观察湿敏电阻的结构，它是在一块特殊的绝缘基底上溅射了一层高分子薄膜而形成的。

（2）按图 9-8（b）所示的电路进行接线。

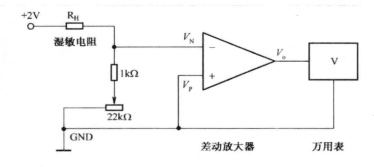

（a）湿敏电阻　　　　　　　　　　　　　　（b）测试电路图

图 9-8　湿敏电阻的特性检测图

（3）分别取潮湿度不同的两块海绵或其他易吸潮的材料，分别轻轻地与传感器接触。

（4）观察并记录万用表读数的变化。

注意：实验时所取的材料不要太湿，否则会产生湿度饱和现象，延长脱湿时间。

单元练习

一、填空题

1. 湿度传感器是基于某些材料_____，将湿度的变化转换成_____的器件。

2. 湿度传感器的种类很多，在实际应用中主要有_____和_____两大类。在湿度传感器的基片上覆盖一层_____，当空气中的水蒸气吸附在感湿膜上时，基片的_____和_____发生变化，利用这一特性即可测量湿度。

3. 湿敏电阻是一种_____随环境_____的变化的_____，它由_____、电极和_____组成。

4. 湿敏电阻传感器的感湿层在吸收了_____之后，引起两个电极之间的_____发生变化，这样就能直接将_____转换为_____的变化。

二、选择题

1. 当天气变化时，有时会发现在地下设施中工作的仪器内部漏电增大，机箱上有小水珠出现，磁粉式记录磁带结露等，其来源是（　　）。

A. 从天花板上滴下来的

B. 由于空气的湿度达到饱和点而凝结成水滴

C. 空气的绝对湿度不变，但气温下降时，室内空气相对湿度接近饱和，当接触到温度比大气更低的仪器外壳时，空气的相对湿度达到饱和而凝结成水滴

2. 在使用测谎器时，被测试人由于说谎、紧张而手心出汗，可用（　　）传感器来检测。

A. 应变片式　　　　　B. 热敏电阻

C. 气敏电阻　　　　　D. 湿敏电阻

三、问答题

1. 湿敏电阻的基本工作原理是什么？

2. 湿敏电容的基本工作原理是什么？